Die Berechnung des symmetrischen Stockwerkrahmens mit geneigten und lotrechten Ständern mit Hilfe von Differenzengleichungen

Von

Dr. techn. **Josef Fritsche**
Ingenieur, Assistent an der deutschen technischen Hochschule in Prag

Berlin
Verlag von Julius Springer
1923

ISBN-13: 978-3-642-89717-7 e-ISBN-13: 978-3-642-91574-1
DOI: 10.1007/978-3-642-91574-1

Vorwort.

Das im folgenden vorgetragene Verfahren zur raschen Berechnung eines Stockwerkrahmens ist, auf praktisch vorkommende Tragwerke angewendet, ein Näherungsverfahren. Auf Grund der allgemeinen Elastizitätsgleichungen wird jene gesetzmäßige Veränderlichkeit der Grundmaße des Tragwerks gesucht, die eine rasche und übersichtliche Auflösung derselben ermöglicht. Die Anwendung der Theorie der Differenzengleichungen wurde angestrebt, weil diese das einfachste Verfahren liefert, um zu geschlossenen Ausdrücken für die statisch unbestimmten Größen bei einem gegebenen Belastungsfalle zu kommen. Eine derartige mathematisch festgelegte Veränderlichkeit der Grundmaße liegt naturgemäß praktisch nicht vor, sondern muß zunächst bei möglichst gutem Anpassen an die tatsächlich gegebenen Verhältnisse durch kleine Änderungen derselben erreicht werden; die empirisch gegebene Veränderlichkeit muß an die gesetzmäßige Veränderlichkeit, die durch die Möglichkeit einer einfachen Auflösung der entstehenden Differenzengleichung gefordert wird, angepaßt werden.

Beim Stockwerkrahmen mit geneigten Ständern erreicht man dieses Anpassen an eine mathematische Forderung durch kleine Änderungen der Trägheitsmomente der einzelnen Glieder; ebenso beim gewöhnlichen Stockwerkrahmen mit gleicher Fachhöhe. Dies ist wohl stets zulässig, um so mehr, als für die Berechnung des Tragwerks die Querschnittsbemessung nur auf Grund einer mehr oder weniger guten Schätzung vorliegt. Das Verfahren ist aber auch für einen Stockwerkrahmen mit verschiedener Fachhöhe anwendbar; die Veränderlichkeit der Fachhöhe ist naturgemäß an enge Grenzen gebunden und wohl stets so, daß das nächst höhere Fach eine kleinere oder höchstens gleiche Fachhöhe wie das betrachtete hat. Da die Fachhöhe h_ν bei lotrechten Ständern in den Koeffizienten der Differenzengleichung nur in Verbindung mit dem zugehörigen Trägheitsmoment $J_{a\nu}$ vorkommt, wird es sich nur darum handeln, die Steifigkeitsverhältnisse $\gamma = \frac{h_\nu}{J_{a\nu}}$ der mathematischen Forderung anzupassen; dies wird mit um so geringeren Abweichungen möglich sein, als die größere Fachhöhe mit einer stärkeren Querschnittsausbildung des zugehörigen Gliedes einhergehen wird. Was das Belastungsglied bei Einwirkung wagrechter Kräfte anbelangt, ist man an das Gesetz $h_\nu = h\,\sigma^\nu$ bei lotrechten Ständern nicht gebunden, sondern man kann den funktionellen Zusammenhang so wählen, wie er den gegebenen Fachhöhen am besten entspricht; kleine, für die Dimensionierung belanglose Abweichungen von den tatsächlichen Verhältnissen wird man wohl im Interesse einer einfachen und raschen Rechnung zulassen können. Übrigens hat man immer die Möglichkeit, mit Hilfe der im Abschnitte I abgeleiteten allgemeinen Formeln, die eine übersichtliche tabellarische Rechnung gestatten, eine ganz einwandfreie Berechnung durchzuführen.

Daß das Verfahren auch für Vierendeelträger symmetrischer Bauart anwendbar ist, bedarf wohl keiner besonderen Erörterung.

Wenn ich zu den vielen Arbeiten, die über mehrteilige Steifrahmenträger bereits existieren, noch eine neue hinzufüge, so geschieht dies nur aus dem Grunde, weil dieses Verfahren gegenüber den üblichen die bedeutende Rechenarbeit, die mit vielfach statisch unbestimmten Systemen verbunden ist, wesentlich verringert und vereinfacht, bei möglichst guter Berücksichtigung der tatsächlich gegebenen Verhältnisse.

Zum Schlusse obliegt mir noch die angenehme Pflicht, der Verlagsbuchhandlung Julius Springer dafür zu danken, daß sie trotz schwerer Zeit durch ihr Entgegenkommen die Herausgabe der Arbeit in musterhafter Weise ermöglichte.

Prag, im Januar 1923.

Dr. techn. **Josef Fritsche.**

Inhaltsverzeichnis.

Fünfter Abschnitt.

Berücksichtigung der Längskräfte bei symmetrischer Belastung des Riegels und konstantem Verlauf des Trägheitsmomentes.

Anhang.

Einleitung.

Die technische Literatur der letzten Jahre hat sich eingehend mit der Statik der steifen Rahmenträger beschäftigt, so daß die Theorie zur Berechnung eines zweistieligen Stockwerkrahmens mindestens in statischer Beziehung als erledigt gelten darf. Trotzdem gestaltet sich bei Verwendung der vorhandenen Formeln die Berechnung des Stockwerkrahmens noch immer zeitraubend und mühselig, weil keine geschlossenen Ausdrücke für die statisch unbestimmten Größen in einem gegebenen Belastungsfalle vorliegen.

Die Statik der vielfach statisch unbestimmten Systeme kommt im wesentlichen auf die Auflösung von n linearen Gleichungen mit n Unbekannten hinaus; mathematisch ist es zwar sofort möglich, die Lösungen des Gleichungsystems in der Form eines Quotienten zweier n-reihiger Determinanten darzustellen, doch ist damit für die wirkliche Ausrechnung wenig erreicht, da die ziffernmäßige Auswertung einer n-reihigen Determinante, abgesehen von der Umständlichkeit und Unübersichtlichkeit des Verfahrens, viele Möglichkeiten zu Rechenfehlern und Irrtümern bietet. Um die Ausrechnung der Determinante zu umgehen, ist man praktisch so vorgegangen, daß man den gegebenen Belastungszustand in einzelne Teilbelastungszustände so zerlegt hat, daß immer nur ein Feld belastet erscheint; dadurch erreicht man, daß mindestens eine Gleichung des Systems die Form

$$a_\nu X_\nu + b_\nu X_{\nu+1} = 0$$

hat, die dann eine Lösung durch Substitution ermöglicht; die endgültigen Momente erhält man dann durch Summation der Momente der Teilbelastungen.

In neuerer Zeit ist zur Auflösung eines Systems von n linearen Gleichungen das Integrationsverfahren herangezogen worden. Läßt sich ein lineares Gleichungssystem auf die Form

$$\sum_{\mu=0}^{\mu=m} a_{\nu\mu} X_{\nu+\mu} = B_\nu \qquad (\nu = 1, 2, \ldots . n)$$

bringen, so spricht man auch von einer linearen Differenzengleichung oder Rekursionsformel für die unbekannten Größen X_ν. In entsprechender Weise gebraucht man das Wort „Lösung" zur Bezeichnung eines Systems von zusammengehörigen Werten von X_ν, die die Differenzengleichung erfüllen. Eine geschlossene Lösung einer Differenzengleichung anzugeben ist aber nur dann möglich, wenn die Koeffizienten der Unbekannten a_ν und die Belastungsglieder B_ν einen gesetzmäßigen Bau erkennen lassen. Der Bau der Koeffizienten hängt vom Verlaufe der Grundmaße im Tragwerke ab, wobei unter den Grundmaßen Trägheitsmoment, Form und Größe der einzelnen Teile des Tragwerks zu verstehen sind. Sind die Grundmaße konstant, so sind auch die Koeffizienten konstant, und die Differenzengleichung entspricht einem Gleichungsystem Clapeyronscher Bauart, bei dem die linke Seite der Gleichung die Form

$$X_{\nu-1} + a X_\nu + X_{\nu+1}$$

oder

$$X_{\nu-2} + b X_{\nu-1} + a X_\nu + b X_{\nu+1} + X_{\nu+2}$$

hat.

Solche reziprok gebaute Gleichungsysteme sind in der technischen Literatur bei durchlaufenden und Vierendeelträgern mehrfach behandelt worden. In Wirklichkeit liegt bei einem Tragwerk wohl stets mindestens ein veränderliches Grundmaß vor, und man kann eine Berechnung unter der Annahme durchwegs konstanter Grundmaße nur als eine in manchen Fällen ausreichende Näherung bezeichnen.

Will man eine Veränderlichkeit der Grundmaße berücksichtigen, so führt dies nur dann auf eine integrierbare Differenzengleichung, wenn ihr Verlauf einem bestimmten mathematischen Gesetze folgt, wenn sie als Funktion einer Ortskoordinate angegeben werden können. Dabei ist zu bemerken, daß ein solcher funktionaler Zusammenhang natürlich von vornherein nicht gegeben erscheint; es kann sich nur darum handeln, einen solchen aus gegebenen Werten so zu konstruieren, daß die tatsächliche, empirisch auf Grund einer Vorbemessung gegebene Veränderlichkeit möglichst gut erfüllt ist.

Erfolgt die Änderung der Grundmaße nach einem bestimmten Gesetze, so muß sich daraus zunächst eine Differenzengleichung mit veränderlichen Koeffizienten ergeben, die im allgemeinen auch wenig Aussichten für eine rasche Integration bietet. Erst wenn es gelingt, dieses Gesetz so zu wählen, daß die Koeffizienten der Unbekannten konstant, von ν unabhängig werden, ist die Differenzengleichung rasch integrierbar geworden. Es ist von vornherein zu erwarten, daß sie nicht mehr symmetrisch gebaut sein wird, sondern daß dann die linke Seite abweichend von der Clapeyronschen Gleichung die Form

$$X_{\nu-1} + a X_\nu + b X_{\nu+1}$$

haben wird. Wenn dies gelingt, würde das Integrationsverfahren für Tragwerke anwendbar gemacht, deren Grundmaße nicht mehr konstant, sondern nach einer bestimmten Funktion veränderlich sind; dies würde jedenfalls eine Erweiterung des Anwendungsgebietes der Differenzengleichungen in der Baustatik bedeuten.

Die vorliegende Arbeit soll zeigen, wie sich die Anwendung obiger Gesichtspunkte bei der Berechnung eines zweistieligen Stockwerkrahmens mit veränderlichen Grundmaßen gestaltet, wobei gleich erwähnt sein mag, daß sich ein ähnliches Verfahren für einen Vierendeelträger mit gegen die Mitte zunehmendem Trägheitsmoment entwickeln läßt. Der Stockwerkrahmen spielt im Hochbau und im Brückenbau eine große Rolle, und es erscheint daher gerechtfertigt, für dieses Tragwerk ein Verfahren anzuwenden, das ohne große Mühe und Rechenaufwand ermöglicht, die statisch unbestimmten Größen und damit den Momentenverlauf im Tragwerke zu berechnen. Einen besonderen Wert erhalten die abzuleitenden Formeln dadurch, daß es gelingt, ohne Bestimmung vieler Zwischenwerte jedes beliebige Moment unabhängig von den anderen zu ermitteln.

Die Arbeit soll so gegliedert werden, daß im ersten Abschnitte allgemein gültige Gleichungen zwischen den statisch unbestimmten Größen und der äußeren Belastung für den Stockwerkrahmen mit geneigten Ständern angeschrieben werden; dabei soll der Einfluß der Formänderungen durch die Längs- und Querkräfte vernachlässigt werden.

Im zweiten Abschnitte sollen die Differenzengleichungen für den mehrteiligen Rahmenbock (Stockwerkrahmen mit geneigten Ständern) aufgestellt und für solche Belastungsfälle gelöst werden, die im Anwendungsgebiete dieses Tragwerkes praktische Bedeutung haben.

Der dritte Abschnitt enthält die Berücksichtigung eines veränderlichen Trägheitsmomentes beim Stockwerkrahmen mit lotrechten Ständern, wie er im Hochbau häufig vorkommt, bei den verschiedenen möglichen Belastungszuständen.

Der vierte Abschnitt beschäftigt sich mit dem Stockwerkrahmen unter der Annahme von durchwegs konstanten Grundmaßen, weil diese vereinfachende Voraussetzung eine hauptsächlich zum Zwecke einer Vorbemessung ausreichende Näherung an die tatsächlichen Verhältnisse bietet.

Im fünften Abschnitte wird bei bestimmten einschränkenden Voraussetzungen der Einfluß der Formänderungen, die von den Längskräften herrühren, berücksichtigt und gezeigt, daß seine Vernachlässigung berechtigt erscheint.

Erster Abschnitt.

Die allgemeinen Elastizitätsgleichungen.

A. Symmetrische Belastung.

Als statisch unbestimmte Größen werden die Ständerfußmomente X_ν und die durch die Horizontalschübe H_ν in den Ständerköpfen erzeugten Momente $Y_\nu = H_\nu \cdot h_\nu$ gewählt; dadurch zerfällt das Tragwerk in n übereinander gestellte, rahmenartig geformte, freiaufliegende Träger (Abb. 1).

Ein Moment soll dann als positiv bezeichnet werden, wenn es im statisch bestimmten Grundsysteme am linken Trägerteile im Sinne des Uhrzeigers dreht, am rechten umgekehrt.

Das Moment an einer beliebigen Stelle des ν-ten Riegels ist

$$M_{c\nu} = \mathfrak{M}_{c\nu} - Y_\nu + X_\nu - X_{\nu+1} \quad \ldots \ldots \quad (1)$$

an einer beliebigen Stelle des ν-ten Ständers

$$M_{a\nu} = \mathfrak{M}_{a\nu} - H_\nu \cdot y + X_\nu \quad \ldots \ldots \quad (2)$$

wobei $\mathfrak{M}_{c\nu}$ und $\mathfrak{M}_{a\nu}$ das Moment des statisch bestimmten Grundsystems an der betreffenden Stelle bedeuten. Bei Voraussetzung symmetrischer Belastung ist das System 2n-fach statisch unbestimmt; daher sind zur Bestimmung der 2n-Unbekannten 2n-Beziehungen zwischen den Formänderungen des Tragwerkes notwendig.

Die Elastizitätsgleichungen sollen mit Hilfe der Verdrehungswinkel abgeleitet werden, solange man auf einfache und bekannte Beziehungen zwischen denselben zurückgreifen kann. Bezeichnet man die Verdrehungswinkel des ν-ten Riegels mit $\tau^{a}_{c\nu}$ am linken, $\tau^{b}_{c\nu}$ am rechten Balkenende, den des linken Ständers oben mit $\tau^{o}_{a\nu}$, unten mit $\tau^{u}_{a\nu}$, den des rechten Ständers oben mit $\tau^{o}_{b\nu}$, unten mit $\tau^{u}_{b\nu}$, dann gelten wie bekannt für jedes Fach folgende Beziehungen zwischen den Verdrehungswinkeln:

1. Die Rahmenbedingung (Bedingung für die Erhaltung der steifen Ecken in den Grundsystemen):

$$\tau^{a}_{c\nu} + \tau^{b}_{c\nu} + \tau^{o}_{a\nu} + \tau^{o}_{b\nu} = 0 \quad \ldots \ldots \quad (3)$$

für symmetrische Belastung reduziert sie sich auf

$$2\,\tau^{a}_{c\nu} + 2\,\tau^{o}_{a\nu} = 0 \quad \ldots \ldots \ldots \quad (3\,a)$$

2. Die Kontinuitätsbedingungen für die Ständer (Bedingung, daß die Rahmenständer an jeder der n-Schnittstellen eine gemeinsame Tangente haben müssen):

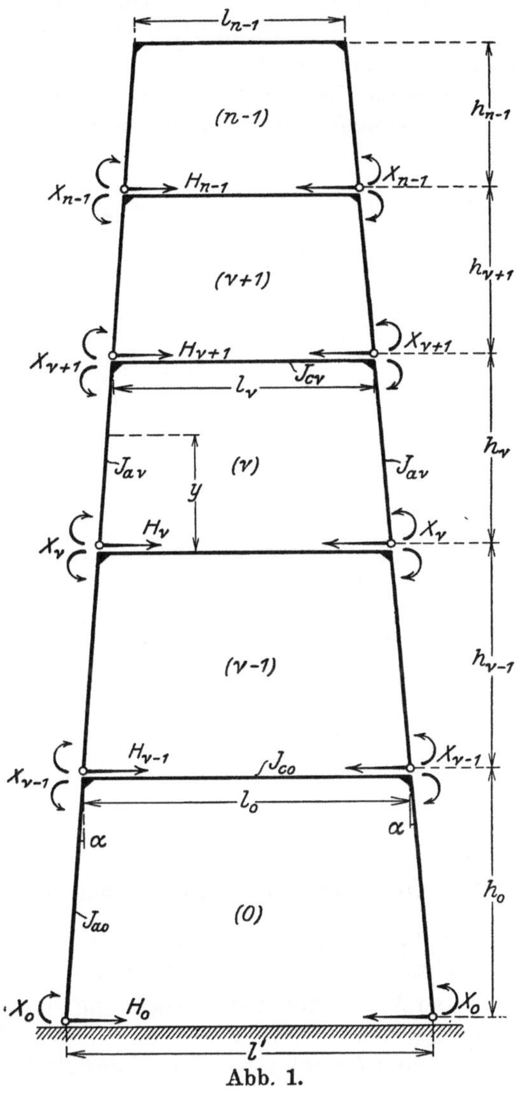

Abb. 1.

links

$$-\tau^{a}_{c\,\nu-1} + \tau^{a}_{c\nu} + \tau^{o}_{a\nu} + \tau^{u}_{a\nu} = 0$$

rechts

$$-\tau^{b}_{c\,\nu-1} + \tau^{b}_{c\nu} + \tau^{o}_{b\nu} + \tau^{u}_{b\nu} = 0 \quad . \quad . \quad . \quad . \quad . \quad (4)$$

Bei der vorausgesetzten Symmetrie der Belastung ist die Kontinuitätsbedingung für den linken Ständer identisch mit der für den rechten.

Setzt man für ν alle ganzzahligen Werte von 0 bis n — 1 in obigen Bedingungsgleichungen ein, erhält man die notwendigen 2 n-Gleichungen für die statisch unbestimmten Größen.

Nach dem erweiterten Mohrschen Satze ergibt sich der Verdrehungswinkel am Balkenende gleich dem Auflagerdrucke eines mit

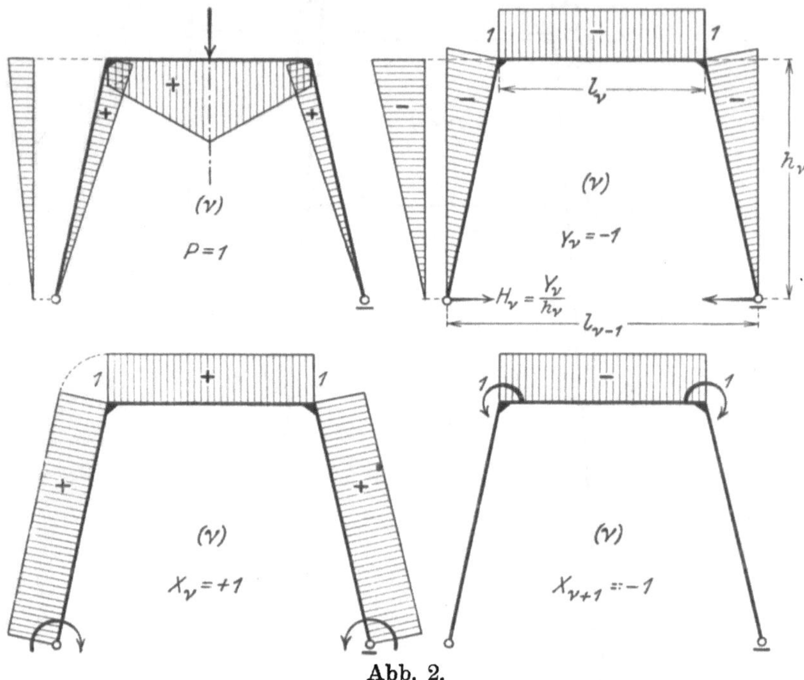

Abb. 2.

$-\frac{M}{EJ}$ belasteten freiaufliegenden Trägers gleicher Stützweite:

$$\left(\frac{dy}{dx}\right)_{x=0}=\operatorname{tg}\tau\sim\tau=\mathfrak{A}_{\left(-\frac{M}{EJ}\right)}.$$

Zur leichteren Übersicht sollen der Berechnung der Verdrehungswinkel die Momentbilder für $P=1$, $Y_\nu=-1$, $X_\nu=+1$ und $X_{\nu+1}=-1$ am ν-ten statisch bestimmten Grundsysteme vorangestellt werden (Abb. 2).

Nun ist

$$E\cdot 2\,\tau^{a}_{c\nu}=-\frac{\lambda_\nu}{l_\nu}\Phi_{c\nu}+Y_\nu\lambda_\nu-X_\nu\lambda_\nu+X_{\nu+1}\lambda_\nu$$

$$E\cdot 2\,\tau^{o}_{a\nu}=\sec\alpha\left[-2\frac{\gamma_\nu}{h_\nu^2}\Sigma^{u}_{a\nu}+\frac{2}{3}Y_\nu\gamma_\nu-X_\nu\gamma_\nu\right]\quad. \qquad (5)$$

In diesen Gleichungen bedeutet λ_ν das Steifigkeitsverhältnis $\frac{l_\nu}{J_{c\nu}}$ des ν-ten Riegels, $\gamma_\nu = \frac{h_\nu}{J_{a\nu}}$ das des ν-ten Ständers; weiter ist

$$\Phi_{c\nu} = \int_0^{l_\nu} \mathfrak{M}_{c\nu}\, dx \quad \text{und} \quad \Sigma^u_{a\nu} = \int_0^{h_\nu} \mathfrak{M}_{a\nu}\, y\, dy$$

das statische Moment der $\mathfrak{M}$-Fläche des ν-ten Ständers, bezogen auf den unteren Endpunkt des lotrecht gedachten Stabes.

Setzt man die Gleichungen (5) in der Rahmenbedingung für das ν-te Fach ein, so erhält man:

$$Y_\nu \left(\lambda_\nu + \frac{2}{3} \gamma_\nu \sec \alpha\right) - X_\nu (\lambda_\nu + \gamma_\nu \sec \alpha) + X_{\nu+1} \lambda_\nu = \\ = \lambda_\nu \frac{\Phi_{c\nu}}{l_\nu} + 2 \gamma_\nu \sec \alpha \frac{\Sigma^u_{a\nu}}{h_\nu^2}$$

oder mit den entsprechenden Abkürzungen:

$$Y_\nu \beta_\nu - X_\nu \alpha_\nu + X_{\nu+1} \lambda_\nu = \lambda_\nu \cdot \frac{\Phi_{c\nu}}{l_\nu} + 2 \gamma_\nu \sec \alpha \frac{\Sigma^u_{a\nu}}{h_\nu^2} \quad . \quad (6)$$

daraus ist

$$Y_\nu = \frac{1}{\beta_\nu} \left[\lambda_\nu \cdot \frac{\Phi_{c\nu}}{l_\nu} + 2 \gamma_\nu \sec \alpha \frac{\Sigma^u_{a\nu}}{h_\nu^2} + X_\nu \alpha_\nu - X_{\nu+1} \lambda_\nu\right] \quad . \quad (6\,a)$$

Um in der Kontinuitätsbedingung für das ν-te Fach die Verdrehungswinkel eliminieren zu können, braucht man noch einen Ausdruck für $(\tau^o_{a\nu} + \tau^u_{a\nu})$; dieser ergibt sich auf Grund der Momentbilder mit

$$E \cdot 2 (\tau^o_{a\nu} + \tau^u_{a\nu}) = \sec \alpha \left[- 2 \gamma_\nu \frac{\Phi_{a\nu}}{h_\nu} + \gamma_\nu Y_\nu - 2 \gamma_\nu X_\nu\right] \quad (7)$$

Damit lautet die Kontinuitätsbedingung:

$$- Y_{\nu-1} \lambda_{\nu-1} + Y_\nu (\lambda_\nu + \gamma_\nu \sec \alpha) + X_{\nu-1} \lambda_{\nu-1} - X_\nu (\lambda_{\nu-1} + \lambda_\nu + \\ + 2 \gamma_\nu \sec \alpha) + X_{\nu+1} \lambda_\nu = \\ = - \lambda_{\nu-1} \frac{\Phi_{c\,\nu-1}}{l_{\nu-1}} + \lambda_\nu \frac{\Phi_{c\nu}}{l_\nu} + 2 \gamma_\nu \sec \alpha \frac{\Phi_{a\nu}}{h_\nu} \quad . \quad . \quad (7\,a)$$

wobei $\Phi_{a\nu} = \int_0^{h_\nu} \mathfrak{M}_{a\nu}\, dy$, dem Inhalte der $\mathfrak{M}_{a\nu}$-Fläche des lotrecht gedachten Stabes.

Durch Substitution der Gleichungen (6a) erhält man schließlich als Gleichungssystem der X_ν:

$$- X_{\nu-1} \lambda_{\nu-1} \left(1 - \frac{\alpha_{\nu-1}}{\beta_{\nu-1}}\right) + X_\nu \left[\lambda_{\nu-1} \left(1 - \frac{\lambda_{\nu-1}}{\beta_{\nu-1}}\right) + \alpha_\nu \left(1 - \frac{\alpha_\nu}{\beta_\nu}\right) + \\ + \gamma_\nu \sec \alpha\right] - X_{\nu+1} \cdot \lambda_\nu \left(1 - \frac{\alpha_\nu}{\beta_\nu}\right) =$$

$$= \lambda_{\nu-1}\left(1 - \frac{\lambda_{\nu-1}}{\beta_{\nu-1}}\right)\frac{\Phi_{c\,\nu-1}}{l_{\nu-1}} - \lambda_\nu\left(1 - \frac{\alpha_\nu}{\beta_\nu}\right)\frac{\Phi_{c\,\nu}}{l_\nu} - 2\gamma_\nu \sec\alpha \frac{\Phi_{a\,\nu}}{h_\nu} -$$

$$- 2\frac{\lambda_{\nu-1}}{\beta_{\nu-1}}\gamma_{\nu-1}\sec\alpha \cdot \frac{\Sigma^u_{a\,\nu-1}}{h_{\nu-1}^2} + 2\frac{\alpha_\nu}{\beta_\nu}\gamma_\nu \sec\alpha \cdot \frac{\Sigma^u_{a\,\nu}}{h_\nu^2} \quad . \quad . \qquad (8)$$

Die nullte Gleichung dieses Systems ist wegen der unnachgiebigen Einspannung der Ständerfüße abweichend gebaut und lautet

$$X_0\left[\alpha_0\left(1 - \frac{\alpha_0}{\beta_0}\right) + \gamma_0 \sec\alpha\right] - X_1\lambda_0\left(1 - \frac{\alpha_0}{\beta_0}\right) =$$

$$= -\lambda_0\left(1 - \frac{\alpha_0}{\beta_0}\right)\frac{\Phi_{c\,o}}{l_0} - 2\gamma_0 \sec\alpha \cdot \frac{\Phi_{a\,o}}{h_0} + 2\frac{\alpha_0}{\beta_0}\gamma_0 \sec\alpha \cdot \frac{\Sigma^u_{a\,o}}{h_0^2} \qquad (8\,a)$$

Dieses so erhaltene Gleichungssystem der X_ν ist für Symmetrie der Belastung der Ausgangspunkt aller späteren Untersuchungen.

B. Unsymmetrische Belastung.

Die Momentenlinie verliert nun ihre Symmetrie und das System wird 3n-fach statisch unbestimmt. Die Rahmenbedingung gilt nun in der schon angegebenen allgemeinen Fassung, die Kontinuitätsbedingung ist in ihrer allgemeinen Form für den linken und den rechten Ständer getrennt anzuschreiben. Damit ergeben sich drei Gleichungsgruppen für die 3n-Unbekannten, welche diese eindeutig bestimmen.

Einfacher und rascher gestaltet sich jedoch die Berechnung auf folgende Weise:

Der gegebene unsymmetrische Belastungszustand erzeugt linke Ständerfußmomente $X_{a\,\nu}$ und rechte $X_{b\,\nu}$; addiert man zu diesem einen Belastungszustand, der links die Ständerfußmomente $X_{b\,\nu}$ und rechts $X_{a\,\nu}$ liefert, so ergibt sich ein symmetrischer Belastungszustand mit den Ständerfußmomenten $S_\nu = (X_{a\,\nu} + X_{b\,\nu})$; dieser „zugehörige symmetrische" Belastungszustand ermöglicht die Bestimmung der Summen S_ν der Fußmomente.

Die Momentenbilder für $P = 1$, $Y_\nu = -1$, $S_\nu = +1$ und $S_{\nu+1} = -1$ ergeben sich nun für den unsymmetrischen (schraffiert) und für den „zugehörigen symmetrischen" Belastungszustand wie in Abb. 3.

Bei der Berechnung der Verdrehungswinkel muß beachtet werden, daß sich die einzuführenden statisch unbestimmten Größen Y und die Belastungsgrößen Φ und Σ alle auf den ursprünglich gegebenen unsymmetrischen Belastungszustand beziehen.

Daher ergeben sich die Verdrehungswinkel für den „zugehörigen symmetrischen" Belastungszustand

$$E \cdot 2\tau^a_{c\,\nu} = -2\frac{\lambda_\nu}{l_\nu^2}\left(\Sigma^b_{c\,\nu} + \Sigma^a_{c\,\nu}\right) + 2Y_\nu\lambda_\nu - S_\nu\lambda_\nu + S_{\nu+1}\lambda_\nu$$

$$E \cdot 2\tau^o_{a\,\nu} = \sec\alpha\left[-2 \cdot \frac{\gamma_\nu}{h_\nu^2}\left(\Sigma^u_{a\,\nu} + \Sigma^u_{b\,\nu}\right) + \frac{4}{3}Y_\nu\gamma_\nu - S_\nu\gamma_\nu\right] . \qquad (9)$$

Damit liefert die Rahmenbedingung für Y_ν

$$Y_\nu = \frac{1}{2\beta_\nu}\left[2\lambda_\nu \frac{\Phi_{c\nu}}{l_\nu} + 2\gamma_\nu \sec\alpha \cdot \frac{1}{h_\nu^2}\left(\Sigma^u_{a\nu} + \Sigma^u_{b\nu}\right) + S_\nu \alpha_\nu - S_{\nu+1}\lambda_\nu\right] \tag{10}$$

Setzt man den Ausdruck (10) in die Kontinuitätsbedingung $\tau^a_{c\nu} - \tau^a_{c\nu-1} + \tau^o_{a\nu} + \tau^u_{a\nu} = 0$ ein, erhält man als Gleichungssystem der S_ν

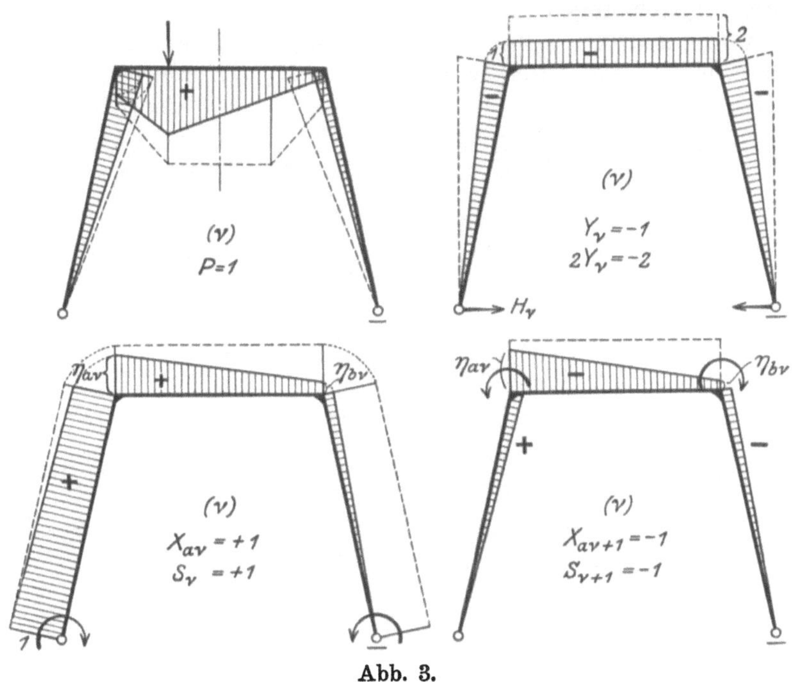

Abb. 3.

$$-S_{\nu-1}\lambda_{\nu-1}\left(1-\frac{\alpha_{\nu-1}}{\beta_{\nu-1}}\right) + S_\nu\left[\lambda_{\nu-1}\left(1-\frac{\lambda_{\nu-1}}{\beta_{\nu-1}}\right) + \alpha_\nu\left(1-\frac{\alpha_\nu}{\beta_\nu}\right) + \right.$$

$$\left. + \gamma_\nu \sec\alpha\right] - S_{\nu+1}\lambda_\nu\left(1-\frac{\alpha_\nu}{\beta_\nu}\right) =$$

$$= 2\left[\lambda_{\nu-1}\left(1-\frac{\lambda_{\nu-1}}{\beta_{\nu-1}}\right)\frac{\Phi_{c\,\nu-1}}{l_{\nu-1}} - \lambda_\nu\left(1-\frac{\alpha_\nu}{\beta_\nu}\right)\frac{\Phi_{c\,\nu}}{l_\nu} - \gamma_\nu \sec\alpha \cdot \right.$$

$$\cdot \frac{1}{h_\nu}\left(\Phi_{a\,\nu} + \Phi_{b\,\nu}\right) - \frac{\lambda_{\nu-1}}{\beta_{\nu-1}}\gamma_{\nu-1}\sec\alpha \cdot \frac{1}{h_{\nu-1}^2}\left(\Sigma^u_{a\,\nu-1} + \Sigma^u_{b\,\nu-1}\right) +$$

$$\left. + \frac{\alpha_\nu}{\beta_\nu}\gamma_\nu \sec\alpha \frac{1}{h_\nu^2}\left(\Sigma^u_{a\nu} + \Sigma^u_{b\nu}\right)\right] \quad . \quad . \quad . \quad . \quad . \tag{11}$$

Bezeichnet man die Φ und Σ analogen Größen beim „zugehörigen symmetrischen“ Belastungszustand mit $\mathfrak{F}$ und $\mathfrak{S}$, dann ist

$$\mathfrak{F}_{c\nu} = 2\Phi_{c\nu}, \quad \mathfrak{F}_{a\nu} = \Phi_{a\nu} + \Phi_{b\nu}, \quad \mathfrak{S}^u_\nu = \Sigma^u_{a\nu} + \Sigma^u_{b\nu}$$

und das Belastungsglied des Gleichungssystems (11) lautet

$$\mathrm{B}_\nu = \lambda_{\nu-1}\left(1-\frac{\lambda_{\nu-1}}{\beta_{\nu-1}}\right)\frac{\mathfrak{F}_{c\,\nu-1}}{\mathrm{l}_{\nu-1}} - \lambda_\nu\left(1-\frac{\alpha_\nu}{\beta_\nu}\right)\frac{\mathfrak{F}_{c\,\nu}}{\mathrm{l}_\nu} - 2\,\gamma_\nu \sec\alpha\,\frac{\mathfrak{F}_{a\,\nu}}{\mathrm{h}_\nu} -$$

$$-\,2\,\frac{\lambda_{\nu-1}}{\beta_{\nu-1}}\,\gamma_{\nu-1}\sec\alpha\,\frac{\mathfrak{S}^{\mathrm{u}}_{a\,\nu-1}}{\mathrm{h}_{\nu-1}{}^2} + 2\cdot\frac{\alpha_\nu}{\beta_\nu}\,\gamma_\nu\sec\alpha\cdot\frac{\mathfrak{S}^{\mathrm{u}}_{\alpha\,\nu}}{\mathrm{h}_\nu{}^2} \quad . \quad (11\,\mathrm{a})$$

also genau entsprechend dem Gleichungssystem der X_ν, nur mit anderen Bezeichnungen.

Um $\mathrm{X}_{a\,\nu}$ und $\mathrm{X}_{b\,\nu}$ selbst leicht bestimmen zu können, wäre noch die Berechnung der Differenz $\mathrm{D}_\nu = \mathrm{X}_{a\,\nu} - \mathrm{X}_{b\,\nu}$ erforderlich. Um zu

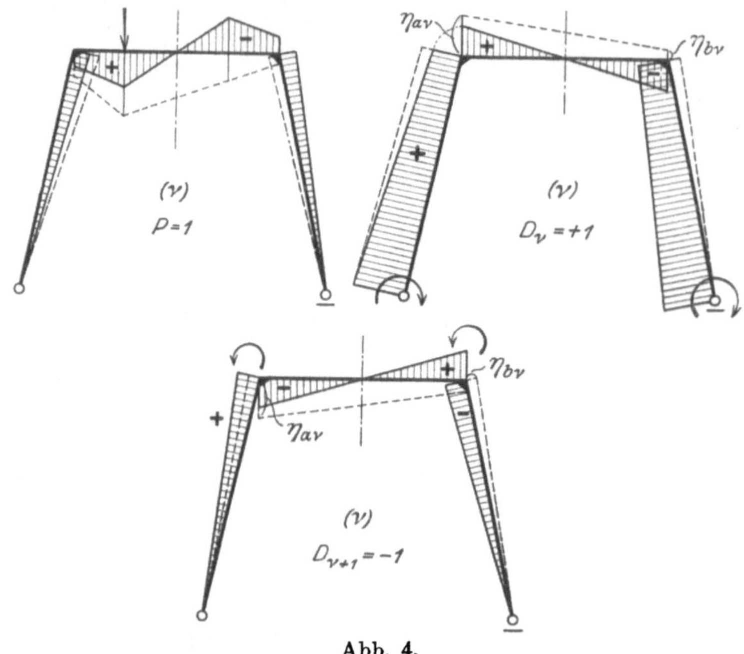

Abb. 4.

dieser Differenz zu kommen, muß man zum ursprünglich gegebenen unsymmetrischen Belastungszustande den Belastungszustand, der diesen zum „zugehörigen symmetrischen" ergänzt, mit entgegengesetzten Vorzeichen superponieren. Der daraus hervorgehende Belastungszustand soll der „zugehörige antisymmetrische" genannt werden. Es läßt sich sofort folgern, daß im „zugehörigen antisymmetrischen" Belastungszustande Y_ν gleich Null sein muß, weil Y_ν auch für den unsymmetrischen ein symmetrisches Momentenbild erzeugt.

Die Momentenbilder beim „zugehörigen antisymmetrischen" Belastungszustande (schraffiert) für $\mathrm{P} = 1$, $\mathrm{D}_\nu = +1$, $\mathrm{D}_{\nu+1} = -1$ stellen sich im ν-ten Fache wie in Abb. 4.

Die Rahmenbedingung liefert jetzt die schon oben aus Symmetriegründen erschlossene Beziehung $Y_\nu = 0$. Die Kontinuitätsbedingung wird für den linken und für den rechten Ständer, vom Vorzeichen abgesehen, wiederum identisch; nur gilt sie für antisymmetrische Belastungszustände nicht mehr in der früheren einfachen Form. Ihre geometrische Interpretation, die für symmetrische Belastungszustände als bekannt vorausgesetzt werden konnte, wird umständlich, so daß es sich empfiehlt, die allgemeinen Beziehungen zwischen den statisch unbestimmten Größen und der äußeren Belastung mit Hilfe des Satzes von Castigliano abzuleiten. Für einen unsymmetrischen Belastungszustand mit den Ständerfußmomenten $X_{a\nu}$ und $X_{b\nu}$ ist das Moment an einer beliebigen Stelle des ν-ten Riegels auf Grund der umstehend gezeichneten Momentenbilder

$$M^x_{c\nu} = \mathfrak{M}^x_{c\nu} + (X_{a\nu} - X_{a\nu+1})\left(\eta_{a\nu} - \frac{x}{l_{\nu-1}}\right) + (X_{b\nu} - X_{b\nu+1})\left(\eta_{b\nu} + \frac{x}{l_{\nu-1}}\right) - Y_\nu$$

an einer beliebigen Stelle des linken und rechten ν-ten Ständers

$$M^y_{a\nu} = \mathfrak{M}^y_{a\nu} + X_{a\nu} + (-X_{a\nu} + X_{b\nu} + X_{a\nu+1} - X_{b\nu+1})\frac{y\,\mathrm{tg}\,\alpha}{l_{\nu-1}} - \frac{Y_\nu}{h_\nu}\cdot y$$

$$M^y_{b\nu} = \mathfrak{M}^y_{b\nu} + X_{b\nu} + (+X_{a\nu} - X_{b\nu} - X_{a\nu+1} + X_{b\nu+1})\frac{y\,\mathrm{tg}\,\alpha}{l_{\nu-1}} - \frac{Y_\nu}{h_\nu}\cdot y$$

wenn man mit $\eta_{a\nu} = \frac{l_{\nu-1} - h_\nu\,\mathrm{tg}\,\alpha}{l_{\nu-1}}$ und mit $\eta_{b\nu} = \frac{h_\nu\,\mathrm{tg}\,\alpha}{l_{\nu-1}}$ bezeichnet.

Der partielle Differentialquotient der Formänderungsarbeit A nach $X_{a\nu}$, der der Kontinuitätsbedingung links entspricht, gleich Null gesetzt, $\frac{\partial A}{\partial X_{a\nu}} = 0$, liefert nach einigem Umrechnen

$$+ Y_{\nu-1}\frac{\lambda_{\nu-1}}{2} - Y_\nu\cdot\frac{1}{2}(\lambda_\nu + \gamma_\nu \sec\alpha)$$

$$- X_{a\nu-1}\left[\lambda_{\nu-1}\left(\eta_{a\nu-1}\,\eta_{b\nu-1} + \frac{1}{3}\frac{l_{\nu-1}^2}{l_{\nu-2}^2}\right) - \eta_{b\nu-1}\,\gamma_{\nu-1}\sec\alpha\left(\frac{1}{2} - \frac{2}{3}\eta_{b\nu-1}\right)\right]$$

$$- X_{b\nu-1}\left[\frac{1}{2}\lambda_{\nu-1}\left(\eta_{a\nu-1} - \eta_{b\nu-1}\frac{l_{\nu-1}}{l_{\nu-2}} - \frac{2}{3}\frac{l_{\nu-1}^2}{l_{\nu-2}^2}\right) + \eta_{b\nu-1}\,\gamma_{\nu-1}\sec\alpha\left(\frac{1}{2} - \frac{2}{3}\eta_{b\nu-1}\right)\right]$$

$$+ X_{a\nu}\left[\lambda_{\nu-1}\left(\eta_{a\nu-1}\,\eta_{b\nu-1} + \frac{1}{3}\frac{l_{\nu-1}^2}{l_{\nu-2}^2}\right) + \lambda_\nu\left(\eta_{a\nu}\,\eta_{b\nu} + \frac{1}{3}\frac{l_\nu^2}{l_{\nu-1}^2}\right) + \gamma_\nu\sec\alpha\left(1 - \eta_{b\nu} + \frac{2}{3}\eta_{b\nu}^2\right) + \frac{2}{3}\eta_{b\nu-1}^2\,\gamma_{\nu-1}\sec\alpha\right]$$

$$+ X_{b\nu}\left[\frac{1}{2}\lambda_{\nu-1}\left(\eta_{a\,\nu-1}-\eta_{b\,\nu-1}\frac{l_{\nu-1}}{l_{\nu-2}}-\frac{2}{3}\frac{l_{\nu-1}^2}{l_{\nu-2}^2}\right)+\frac{1}{2}\lambda_\nu\left(\eta_{a\nu}-\eta_{b\nu}\frac{l_\nu}{l_{\nu-1}}-\frac{2}{3}\frac{l_\nu^2}{l_{\nu-1}^2}\right)+\eta_{b\nu}\gamma_\nu\sec\alpha\left(1-\frac{2}{3}\eta_{b\nu}\right)-\frac{2}{3}\eta_{b\,\nu-1}^2\gamma_{\nu-1}\sec\alpha\right]$$

$$- X_{a\,\nu+1}\left[\lambda_\nu\left(\eta_{a\nu}\eta_{b\nu}+\frac{1}{3}\frac{l_\nu^2}{l_{\nu-1}^2}\right)-\eta_{b\nu}\gamma_\nu\sec\alpha\left(\frac{1}{2}-\frac{2}{3}\eta_{b\nu}\right)\right.$$

$$- X_{b\,\nu+1}\left[\frac{1}{2}\lambda_\nu\left(\eta_{a\nu}-\eta_{b\nu}\frac{l_\nu}{l_{\nu-1}}-\frac{2}{3}\frac{l_\nu^2}{l_{\nu-1}^2}\right)+\eta_{b\nu}\gamma_\nu\sec\alpha\left(\frac{1}{2}-\frac{2}{3}\eta_{b\nu}\right)\right]=$$

$$=\frac{\lambda_{\nu-1}}{l_{\nu-1}}\eta_{a\,\nu-1}\Phi_{c\,\nu-1}-\frac{\lambda_{\nu-1}}{l_{\nu-1}l_{\nu-2}}\Sigma^{a}_{c\,\nu-1}-\frac{\lambda_\nu}{l_\nu}\eta_{a\nu}\Phi_{c\nu}+\frac{\lambda_\nu}{l_\nu l_{\nu-1}}\Sigma^{a}_{c\nu}-$$

$$-\sec\alpha\frac{\gamma_{\nu-1}}{h_{\nu-1}^2}\eta_{b\,\nu-1}\left(\Sigma^{u}_{a\,\nu-1}-\Sigma^{u}_{b\,\nu-1}\right)+\sec\alpha\frac{\gamma_\nu}{h_\nu^2}\eta_{b\nu}\left(\Sigma^{u}_{a\nu}-\Sigma^{u}_{b\nu}\right)-$$

$$-\sec\alpha\frac{\gamma_\nu}{h_\nu}\Phi_{a\nu}.$$

Für $\dfrac{\partial A}{\partial X_{b\nu}}=0$ ergibt sich

$$+Y_{\nu-1}\frac{\lambda_{\nu-1}}{2}-Y_\nu\frac{1}{2}(\lambda_\nu+\gamma_\nu\sec\alpha)$$

$$-X_{a\,\nu-1}\left[\frac{1}{2}\lambda_{\nu-1}\left(\eta_{a\,\nu-1}-\eta_{b\,\nu-1}\frac{l_{\nu-1}}{l_{\nu-2}}-\frac{2}{3}\frac{l_{\nu-1}^2}{l_{\nu-2}^2}\right)+\eta_{b\,\nu-1}\gamma_{\nu-1}\sec\alpha\left(\frac{1}{2}-\frac{2}{3}\eta_{b\,\nu-1}\right)\right]$$

$$-X_{b\,\nu-1}\left[\lambda_{\nu-1}\left(\eta_{a\,\nu-1}\eta_{b\,\nu-1}+\frac{1}{3}\frac{l_{\nu-1}^2}{l_{\nu-2}^2}\right)-\eta_{b\,\nu-1}\gamma_{\nu-1}\sec\alpha\left(\frac{1}{2}-\frac{2}{3}\eta_{b\,\nu-1}\right)\right]$$

$$+X_{a\nu}\left[\frac{1}{2}\lambda_{\nu-1}\left(\eta_{a\,\nu-1}-\eta_{b\,\nu-1}\frac{l_{\nu-1}}{l_{\nu-2}}-\frac{2}{3}\frac{l_{\nu-1}^2}{l_{\nu-2}^2}\right)+\frac{1}{2}\lambda_\nu\left(\eta_{a\nu}-\eta_{b\nu}\frac{l_\nu}{l_{\nu-1}}-\frac{2}{3}\frac{l_\nu^2}{l_{\nu-1}^2}\right)+\eta_{b\nu}\gamma_\nu\sec\alpha\left(1-\frac{2}{3}\eta_{b\nu}\right)-\frac{2}{3}\eta_{b\,\nu-1}^2\gamma_{\nu-1}\sec\alpha\right]$$

$$+X_{b\nu}\left[\lambda_{\nu-1}\left(\eta_{a\,\nu-1}\eta_{b\,\nu-1}+\frac{1}{3}\frac{l_{\nu-1}^2}{l_{\nu-2}^2}\right)+\lambda_\nu\left(\eta_{a\nu}\eta_{b\nu}+\frac{1}{3}\frac{l_\nu^2}{l_{\nu-1}^2}\right)+\gamma_\nu\sec\alpha\left(1-\eta_{b\nu}+\frac{2}{3}\eta_{b\nu}^2\right)+\frac{2}{3}\eta_{b\,\nu-1}^2\gamma_{\nu-1}\sec\alpha\right]$$

$$X_{a\,\nu+1}\left[\frac{1}{2}\lambda_\nu\left(\eta_{a\nu}-\eta_{b\nu}\frac{l_\nu}{l_{\nu-1}}-\frac{2}{3}\frac{l_\nu^2}{l_{\nu-1}^2}\right)+\eta_{b\nu}\gamma_\nu\sec\alpha\left(\frac{1}{2}-\frac{2}{3}\eta_{b\nu}\right)\right]$$

$$-X_{b\,\nu+1}\left[\lambda_\nu\left(\eta_{a\nu}\eta_{b\nu}+\frac{1}{3}\frac{l_\nu^2}{l_{\nu-1}^2}\right)-\eta_{b\nu}\gamma_\nu\sec\alpha\left(\frac{1}{2}-\frac{2}{3}\eta_{b\nu}\right)\right]=$$

$$= + \frac{\lambda_{\nu-1}}{l_{\nu-1}} \eta_{b\,\nu-1} \Phi_{c\,\nu-1} + \frac{\lambda_{\nu-1}}{l_{\nu-1}\, l_{\nu-2}} \Sigma^{a}_{c\,\nu-1} - \frac{\lambda_\nu}{l_\nu} \eta_{b\,\nu} \Phi_{c\,\nu} -$$
$$- \frac{\lambda_\nu}{l_\nu\, l_{\nu-1}} \Sigma^{a}_{c\,\nu} + \sec\alpha \frac{\gamma_{\nu-1}}{h_{\nu-1}^2} \eta_{b\,\nu-1} \left(\Sigma^{u}_{a\,\nu-1} - \Sigma^{u}_{b\,\nu-1}\right) -$$
$$- \sec\alpha \frac{\gamma_\nu}{h_\nu^2} \eta_{b\,\nu} \left(\Sigma^{u}_{a\,\nu} - \Sigma^{u}_{b\,\nu}\right) - \sec\alpha \frac{\gamma_\nu}{h_\nu} \Phi_{a\,\nu}.$$

Summiert man diese beiden Gleichungssysteme, muß man die Kontinuitätsbedingung für den „zugehörigen symmetrischen" Belastungszustand erhalten; man bekommt analog Gleichung (7a), wenn man für $(X_{a\,\nu} + X_{b\,\nu}) = S_\nu$ einführt

$$Y_{\nu-1} \lambda_{\nu-1} - Y_\nu (\lambda_\nu + \gamma_\nu \sec\alpha) - S_{\nu-1} \frac{\lambda_{\nu-1}}{2} + S_\nu \cdot \frac{1}{2} (\lambda_{\nu-1} + \lambda_\nu + 2\gamma_\nu) -$$
$$- S_{\nu+1} \frac{\lambda_\nu}{2} = + \frac{\lambda_{\nu-1}}{l_{\nu-1}} \Phi_{c\,\nu-1} - \frac{\lambda_\nu}{l_\nu} \Phi_{c\,\nu} - \sec\alpha \frac{\gamma_\nu}{h_\nu} (\Phi_{a\,\nu} + \Phi_{b\,\nu}).$$

Subtrahiert man beide Gleichungssysteme voneinander, entspricht diese Differenz der Kontinuitätsbedingung für den „zugehörigen antisymmetrischen" Belastungszustand für das ν-te Fach, und man erhält dafür folgenden Ausdruck, wenn man $X_{a\,\nu} - X_{b\,\nu} = D_\nu$ bezeichnet und berücksichtigt, daß $\eta_{a\,\nu} - \eta_{b\,\nu} = \frac{l_\nu}{l_{\nu-1}}$ ist

$$\left.\begin{aligned}
&+ D_{\nu-1} \left[\frac{\lambda_{\nu-1}}{6} \cdot \frac{l_{\nu-1}^2}{l_{\nu-2}^2} - \frac{1}{3} \eta_{b\,\nu-1} \gamma_{\nu-1} \sec\alpha (3 - 2\eta_{b\,\nu-1})\right] \\
&- D_\nu \left[\frac{\lambda_{\nu-1}}{6} \frac{l_{\nu-1}^2}{l_{\nu-2}^2} + \frac{\lambda_\nu}{6} \frac{l_\nu^2}{l_{\nu-1}^2} + \frac{4}{3} \eta_{b\,\nu-1}^2 \gamma_{\nu-1} \sec\alpha + \gamma_\nu \sec\alpha - \right. \\
&\qquad\qquad \left. - \frac{2}{3} \eta_{b\,\nu} \gamma_\nu \sec\alpha (3 - 2\eta_{b\,\nu})\right] \\
&+ D_{\nu+1} \left[\frac{\lambda_\nu}{6} \frac{l_\nu^2}{l_{\nu-1}^2} - \frac{1}{3} \eta_{b\,\nu} \gamma_\nu \sec\alpha (3 - 2\eta_{b\,\nu})\right] = \\
&= - \frac{\lambda_{\nu-1}}{l_{\nu-1}^2} \frac{l_{\nu-1}}{l_{\nu-2}} \left(\Sigma^{b}_{c\,\nu-1} - \Sigma^{a}_{c\,\nu-1}\right) + \frac{\lambda_\nu}{l_\nu^2} \frac{l_\nu}{l_{\nu-1}} \left(\Sigma^{b}_{c\,\nu} - \Sigma^{a}_{c\,\nu}\right) + \\
&+ \frac{\gamma_\nu}{h_\nu} \sec\alpha (\Phi_{a\,\nu} - \Phi_{b\,\nu}) + 2\eta_{b\,\nu-1} \frac{\gamma_{\nu-1}}{h_{\nu-1}^2} \sec\alpha \left(\Sigma^{u}_{a\,\nu-1} - \Sigma^{u}_{b\,\nu-1}\right) - \\
&\qquad\qquad - 2\eta_{b\,\nu} \frac{\gamma_\nu}{h_\nu^2} \sec\alpha \left(\Sigma^{u}_{a\,\nu} - \Sigma^{u}_{b\,\nu}\right)
\end{aligned}\right\} \quad (12)$$

Bezeichnet man mit τ wiederum die Verdrehungswinkel, die sich aus dem Mohrschen Satze ergeben, wenn man jeden Rahmenteil als selbständigen freiaufliegenden Träger auffaßt, dann erhält man auf Grund der Momentenbilder (Abb. 4)

$$E\,\tau^{a}_{c\,\nu} = - \frac{\lambda_\nu}{6} (\eta_{a\,\nu} - \eta_{b\,\nu}) D_\nu + \frac{\lambda_\nu}{6} (\eta_{a\,\nu} - \eta_{b\,\nu}) D_{\nu+1} - \frac{\lambda_\nu}{l_\nu^2} \left(\Sigma^{b}_{c\,\nu} - \Sigma^{a}_{c\,\nu}\right)$$

$$E\,\tau^{a}_{c\,\nu-1} = -\frac{\lambda_{\nu-1}}{6}(\eta_{a\,\nu-1}-\eta_{b\,\nu-1})\,D_{\nu-1}+\frac{\lambda_{\nu-1}}{6}(\eta_{a\,\nu-1}-\eta_{b\,\nu-1})\,D_{\nu}-$$
$$-\frac{\lambda_{\nu-1}}{l_{\nu-1}^{2}}\left(\Sigma^{b}_{c\,\nu-1}-\Sigma^{a}_{c\,\nu-1}\right)$$

$$E\left(\tau^{o}_{a\,\nu}+\tau^{u}_{a\,\nu}\right) = +\gamma_{\nu}\sec\alpha\left(-1+\frac{h_{\nu}\,\mathrm{tg}\,\alpha}{l_{\nu-1}}\right)D_{\nu}-\eta_{b\,\nu}\,\gamma_{\nu}\sec\alpha\,D_{\nu+1}-$$
$$-\frac{\gamma_{\nu}}{h_{\nu}}\sec\alpha\,(\Phi_{a\,\nu}-\Phi_{b\,\nu})$$

$$E\,\tau^{u}_{a\,\nu} = \sec\alpha\left[\left(-\frac{1}{2}\gamma_{\nu}+\frac{2}{3}\gamma_{\nu}\,\eta_{b\,\nu}\right)D_{\nu}-\frac{2}{3}\gamma_{\nu}\,\eta_{b\,\nu}\,D_{\nu+1}-\right.$$
$$\left.-\frac{\gamma_{\nu}}{h_{\nu}^{2}}\left(\Sigma^{u}_{a\,\nu}-\Sigma^{u}_{b\,\nu}\right)\right]$$

$$E\,\tau^{u}_{a\,\nu-1} = \sec\alpha\left[\left(-\frac{1}{2}\gamma_{\nu-1}+\frac{2}{3}\gamma_{\nu-1}\,\eta_{b\,\nu-1}\right)D_{\nu-1}-\right.$$
$$\left.-\frac{2}{3}\gamma_{\nu-1}\,\eta_{b\,\nu-1}\,D_{\nu}-\frac{\gamma_{\nu-1}}{h_{\nu-1}^{2}}\left(\Sigma^{u}_{a\,\nu-1}-\Sigma^{u}_{b\,\nu-1}\right)\right]$$

und man erkennt, daß die Kontinuitätsbedingung für einen antisymmetrischen Belastungszustand, in Verdrehungswinkeln angeschrieben. die Form

$$\frac{l_{\nu}}{l_{\nu-1}}\tau^{a}_{c\,\nu}-\frac{l_{\nu-1}}{l_{\nu-2}}\tau^{a}_{c\,\nu-1}+\tau^{o}_{a\,\nu}+\tau^{u}_{a\,\nu}-\frac{2\,h_{\nu}\,\mathrm{tg}\,\alpha}{l_{\nu-1}}\tau^{u}_{a\,\nu}+$$
$$+\frac{2\,h_{\nu-1}\,\mathrm{tg}\,\alpha}{l_{\nu-2}}\tau^{u}_{a\,\nu-1}=0\quad\ldots\ldots\quad(4\,a)$$

haben muß. Um zu zeigen, daß die beiden Bedingungen (4) und (4a) Spezialfälle einer allgemeinen Kontinuitätsbedingung sind, nämlich der für einen unsymmetrischen Belastungszustand, soll diese durch Einführung der oben definierten Verdrehungswinkel in die Gleichung $\frac{\partial A}{\partial X_{a\nu}}=0$ hergeleitet werden; die Verdrehungswinkel ergeben sich aus den Momentenbildern der Abb. 3, und damit erhält man

$$\eta_{a\,\nu}\,\tau^{a}_{c\,\nu}+\eta_{b\,\nu}\,\tau^{b}_{c\,\nu}-\eta_{a\,\nu-1}\,\tau^{a}_{c\,\nu-1}-\eta_{b\,\nu-1}\,\tau^{b}_{c\,\nu-1}+\tau^{o}_{a\,\nu}+\tau^{u}_{a\,\nu}-$$
$$-\eta_{b\,\nu}\left(\tau^{u}_{a\,\nu}-\tau^{u}_{b\,\nu}\right)+\eta_{b\,\nu-1}\left(\tau^{u}_{a\,\nu-1}-\tau^{u}_{b\,\nu-1}\right)=0.$$

Für Symmetrie der Belastung ist $\tau^{a}_{c\,\nu}=\tau^{b}_{c\,\nu}$, $\tau^{u}_{a\,\nu}=\tau^{u}_{b\,\nu}$ und es ergibt sich die Bedingung (4), da $\eta_{a\,\nu}+\eta_{b\,\nu}=1$ ist. Für Antisymmetrie wird $\tau^{a}_{c\,\nu}=-\tau^{b}_{c\,\nu}$ und $\tau^{u}_{a\,\nu}=-\tau^{u}_{b\,\nu}$ und damit nimmt die allgemeine Kontinuitätsbedingung die Form (4a) an, da $\eta_{a\,\nu}-\eta_{b\,\nu}=\frac{l_{\nu}}{l_{\nu-1}}$ ist.

Die eingeführten Bezeichnungen für die Belastungsgrößen beziehen sich auf den ursprünglichen unsymmetrischen Belastungszustand; die Ausdrücke in den runden Klammern der Belastungsglieder stellen aber nichts anderes vor, als die entsprechenden Größen beim „zugehörigen antisymmetrischen" Belastungszustande. Bezeichnet man diese mit

$$(\Sigma^{b}_{c\nu} - \Sigma^{a}_{c\nu}) = \mathfrak{U}_{c\nu}$$

$$\Phi_{a\nu} - \Phi_{b\nu} = \overline{\mathfrak{F}}_{a\nu} \text{ und } (\Sigma^{u}_{a\nu} - \Sigma^{u}_{b\nu}) = \mathfrak{U}^{u}_{\nu}$$

dann lautet das Belastungsglied der Kontinuitätsbedingung für das ν-te Fach

$$-\frac{\lambda_{\nu-1}}{\mathrm{l}_{\nu-1}^2}\frac{\mathrm{l}_{\nu-1}}{\mathrm{l}_{\nu-2}}\mathfrak{U}_{c\nu-1} + \frac{\lambda_\nu}{\mathrm{l}_\nu^2}\frac{\mathrm{l}_\nu}{\mathrm{l}_{\nu-1}}\mathfrak{U}_{c\nu} + \frac{\gamma_\nu}{\mathrm{h}_\nu}\sec\alpha\,\overline{\mathfrak{F}}_{a\nu} +$$

$$+ 2\frac{\mathrm{h}_{\nu-1}\operatorname{tg}\alpha}{\mathrm{l}_{\nu-2}}\frac{\gamma_{\nu-1}}{\mathrm{h}_{\nu-1}^2}\sec\alpha\cdot\mathfrak{U}^{u}_{\nu-1} - 2\frac{\mathrm{h}_\nu\operatorname{tg}\alpha}{\mathrm{l}_{\nu-1}}\frac{\gamma_\nu}{\mathrm{h}_\nu^2}\sec\alpha\cdot\mathfrak{U}^{u}_{\nu}\,. \quad (12\,\mathrm{a})$$

und ähnlich für das nullte

$$\frac{\lambda_0}{\mathrm{l}_0^2}\frac{\mathrm{l}_0}{\mathrm{l}'}\mathfrak{U}_{c0} + \frac{\gamma_0}{\mathrm{h}_0}\sec\alpha\,\overline{\mathfrak{F}}_{a0} - 2\frac{\mathrm{h}_0\operatorname{tg}\alpha}{\mathrm{l}'}\frac{\gamma_0}{\mathrm{h}_0^2}\sec\alpha\cdot\mathfrak{U}^{u}_{0}\,. \quad (12\,\mathrm{b})$$

Damit sind nun die allgemeinen Elastizitätsgleichungen für den Stockwerkrahmen mit geneigten Ständern abgeleitet, die alle möglichen Belastungsfälle umschließen, und man kann darangehen, sie für die wichtigsten, praktisch vorkommenden Belastungsfälle aufzulösen.

Zweiter Abschnitt.

Der Stockwerkrahmen mit geneigten Ständern.

(Mehrteiliger Rahmenbock.)

Dieses Tragwerk findet im Eisenbetonbrückenbau ausgedehnte Anwendung als Stützenkonstruktion bei kontinuierlichen Hennebique-Balkenbrücken; der Rahmenbock kann sich entweder unmittelbar auf den Baugrund abstützen oder er kann bei hohen aus zwei Einzelbögen bestehenden Bogenbrücken, welche gegen die Bogenwiderlager verbreitert werden müssen, um größere Standsicherheit zu erzielen, die durchlaufende Plattenbalkenfahrbahn mit den Bögen verbinden. Diese Stützenkonstruktionen haben die Aufgabe, nicht nur die lotrechten Kräfte (Eigengewicht, Verkehrsbelastung) in die Widerlager zu leiten, sondern vor allem eine sichere Übertragung der seitlichen Kräfte (Windkräfte, Fliehkräfte in Geleiskrümmungen, Seitenschwankungen der Fahrzeuge) zu ermöglichen.

Solche Rahmentragwerke sind wohl im allgemeinen auf Bauausführungen in Eisenbeton beschränkt, da man im Eisenbau die schwierige Ausbildung steifer Ecken in allen jenen Fällen durch Einschaltung von Wandstäben vermeidet, in denen es nicht auf die Einhaltung eines vorgeschriebenen Lichtraumprofiles ankommt.

Wie schon in der Einleitung erwähnt worden ist, können die Gleichungssysteme der X_ν, S_ν, D_ν als lineare Differenzengleichungen aufgefaßt werden, weil sie dem durch die Definitionsgleichung

$$\sum_{\mu=o}^{\mu=m} a_{\nu\,\mu}\, X_{\nu+\mu} = B_\nu \qquad (\nu = 1,\ 2,\ 3\ .\ .\ .\ n)$$

gegebenen Schema entsprechen. Da $m = 2$ ist, stellen sie lineare Differenzengleichungen 2. Ordnung mit veränderlichen Koeffizienten vor. Eine geschlossene Lösung dieser Differenzengleichung ist aber überhaupt erst dann möglich, wenn eine gesetzmäßige Veränderlichkeit dieser Koeffizienten $a_{\nu\mu}$ vorliegt; dies hängt davon ab, ob man λ_ν und γ_ν als Funktion von ν darstellen kann. Von vornherein gegeben kann eine solche Funktion nicht sein, und es muß zunächst die Aufgabe gelöst werden, aus gegebenen Werten von $\overline{\lambda}$ und $\overline{\gamma}$ einen funktionalen Zusammenhang so zu konstruieren, daß der empirisch gegebenen Veränderlichkeit möglichst gut Genüge geleistet wird.

Wenn es aber darauf ankommt, eine geschlossene und übersichtliche Lösung der Differenzengleichung zu finden, wird man sich die Frage vorlegen müssen, ob es nicht eine Funktion gibt, die gleichzeitig die veränderlichen Koeffizienten in konstante überführt; gelingt dies, läßt sich die Differenzengleichung mit konstanten Koeffizienten anschreiben, die in allen Fällen leicht integrierbar ist.

Zunächst läßt sich aus dem Baue der Koeffizienten vermuten, daß man die Erfüllung dieser Forderung erreicht, wenn man für λ_ν und γ_ν folgenden Ansatz macht:

$$\left.\begin{aligned} \lambda_\nu &= A_1 \varkappa^\nu \\ \gamma_\nu &= A_2 \varkappa^\nu \end{aligned}\right\} \quad .\ .\ .\ .\ .\ .\ .\ . \quad (13)$$

Da α_ν und β_ν lineare Kombinationen von λ_ν und γ_ν sind, ist ersichtlich, daß dann die Ausdrücke $\left(1 - \frac{\alpha_\nu}{\beta_\nu}\right)$ und $\left(1 - \frac{\lambda_\nu}{\beta_\nu}\right)$ ebenfalls konstant werden. Dividiert man die ganze Gleichung durch den Koeffizienten von $X_{\nu-1}$, so sieht man, daß es im wesentlichen darauf ankommt, daß der Quotient von der Form $\frac{f(\nu)}{f(\nu - 1)}$ konstant wird, d. h.

$$f(\nu) - \varkappa\, f(\nu - 1) = 0;$$

diese Differenzengleichung erster Ordnung wird erfüllt durch die geometrische Reihe $f(\nu) = A\,\varkappa^\nu$; damit ist zugleich der Beweis erbracht, daß obiger Ansatz die einzige mögliche Funktion darstellt, die im Falle des mehrteiligen Rahmenträgers die Überführung der veränderlichen Koeffizienten in konstante gestattet.

Obiger Ansatz für λ_ν enthält zwei willkürliche Konstante A_1 und $\varkappa$, ermöglicht daher nur die Berücksichtigung zweier gegebener Werte von λ ($\overline{\lambda}_0$ und $\overline{\lambda}_n$, gegebene Werte von λ oder γ seien stets mit $\overline{\lambda}$

oder $\overline{\gamma}$ bezeichnet); sind $\overline{\lambda_0}$ und $\overline{\lambda_n}$ die Randwerte einer gegebenen Reihe von $\overline{\lambda_\nu}$, dann ergibt sich

$$A_1 = \overline{\lambda_0}, \qquad \varkappa = \sqrt[n]{\frac{\overline{\lambda_n}}{\overline{\lambda_0}}} \quad \ldots \ldots \quad (14\,a)$$

Will man sich besser an den vorgelegten Verlauf der $\overline{\lambda_\nu}$ anpassen, wird man bei der Berechnung von A_1 und $\varkappa$ noch einen dritten Wert $\overline{\lambda_m}$ zu berücksichtigen versuchen; die Gaußsche Methode der kleinsten Quadrate ermöglicht dann die Berechnung von A_1 und $\varkappa$ so, daß das entstehende Fehlerquadrat ein Minimum wird. Bezeichnet man mit F die Summe der Quadrate der Fehler, dann ist

$$F = (\overline{\lambda_0} - A_1)^2 + (\overline{\lambda_m} - A_1 \varkappa^m)^2 + (\overline{\lambda_n} - A_1 \varkappa^n)^2 =$$
$$= (\overline{\lambda_0}^2 + \overline{\lambda_m}^2 + \overline{\lambda_n}^2) - 2 A_1 (\overline{\lambda_0} + \overline{\lambda_m} \varkappa^m + \overline{\lambda_n} \varkappa^n) + A_1^2 (1 + \varkappa^{2m} + \varkappa^{2n})$$

und A_1 und $\varkappa$ bestimmen sich aus den beiden Minimumsbedingungen

$$\frac{\partial F}{\partial A_1} = 0 \quad \text{und} \quad \frac{\partial F}{\partial \varkappa} = 0.$$

Die erste Bedingung liefert

$$A_1 = \frac{\overline{\lambda_0} + \overline{\lambda_m} \varkappa^m + \overline{\lambda_n} \varkappa^n}{1 + \varkappa^{2m} + \varkappa^{2n}} \quad \ldots \ldots \quad (14)$$

aus der zweiten folgt:

$$-\overline{\lambda_m}\, m - \overline{\lambda_n}\, n\, \varkappa^{n-m} + \overline{\lambda_0}\, n\, \varkappa^{2n-m} + \overline{\lambda_0}\, m\, \varkappa^m + \overline{\lambda_m} (n - m) \varkappa^{2n} -$$
$$- \overline{\lambda_m} (n - m) \varkappa^{m+n} = 0.$$

Setzt man $n = m$, d. h. berücksichtigt man keinen mittleren Wert von $\overline{\lambda_\nu}$, ergibt sich daraus

$$\varkappa_0 = \sqrt[n]{\frac{\overline{\lambda_n}}{\overline{\lambda_0}}}.$$

Zu einer einfacheren Gleichung zur Bestimmung von $\varkappa$ kommt man, wenn man für $\overline{\lambda_m}$ jenen Wert herausgreift, der von den Randwerten $\overline{\lambda_0}$ und $\overline{\lambda_n}$ gleich weit absteht, so daß $n = 2m$ wird; dann erhält man

$$\varkappa^{4m} + \left(2 \frac{\overline{\lambda_0}}{\overline{\lambda_m}} - \frac{\overline{\lambda_n}}{\overline{\lambda_m}}\right) \varkappa^{3m} - \left(2 \frac{\overline{\lambda_n}}{\overline{\lambda_m}} - \frac{\overline{\lambda_0}}{\overline{\lambda_m}}\right) \varkappa^m - 1 = 0 \quad . \quad (15)$$

Ist n eine ungerade Zahl, dann setze man $\overline{\lambda_m}$ gleich dem arithmetischen Mittel der beiden der Mitte benachbarten Werte der Reihe der $\overline{\lambda_\nu}$ und $m = \frac{n}{2}$, womit man die Gleichung zur Bestimmung von $\varkappa$ in der folgenden Form anschreiben kann:

$$(\sqrt{\varkappa})^{4n} + \left(2 \frac{\overline{\lambda_0}}{\overline{\lambda_m}} - \frac{\overline{\lambda_n}}{\overline{\lambda_m}}\right) (\sqrt{\varkappa})^{3n} - \left(2 \frac{\overline{\lambda_n}}{\overline{\lambda_m}} - \frac{\overline{\lambda_0}}{\overline{\lambda_m}}\right) (\sqrt{\varkappa})^n - 1 = 0 \quad (15\,a)$$

Eine exakte Auflösung dieser Gleichung wird aber trotzdem auf ziemliche Schwierigkeiten stoßen; sie ist aber auch gar nicht notwendig, denn es wird sich immer nur darum handeln, jene reelle Wurzel zu finden, die in der Nähe von $\varkappa_0$ liegt. $\varkappa_0$ kann als erste Näherungslösung aufgefaßt werden; eine verbesserte Lösung findet man nach der Newtonschen Näherungsmethode mit

$$\varkappa_1 = \varkappa_0 - \frac{f(\varkappa_0)}{f'(\varkappa_0)}.$$

Der Ansatz $\lambda_\nu = A_1 \varkappa^\nu$ und $\gamma_\nu = A_2 \varkappa^\nu$ enthält die einschränkende Annahme, daß die Verhältniszahl $\psi = \frac{A_2}{A_1}$ für alle Rahmenfache dieselbe sein muß; dann wird auch $\overline{\gamma_\nu} = \psi\, \overline{\lambda_\nu}$ und es rechnet sich ψ nach der einfachen Beziehung

$$\psi = \frac{\overline{\gamma_0}}{\overline{\lambda_0}}$$

dieser Bedingung wird bei richtig dimensionierten Rahmenböcken immer mit bedeutender Annäherung Genüge geleistet werden. Bei den mehrteiligen Rahmenböcken der Talbrücke bei Langwies der elektrischen Bahn Chur—Arosa würde sich allerdings im obersten Fache eine beträchtliche Abweichung von dieser Annahme ergeben, weil der oberste Riegel mit unverhältnismäßig großer Höhe ausgeführt worden ist; die große Querschnittshöhe dieses Riegels ist aber sicher statisch nicht berechtigt und sie dürfte sich aus dem Grunde ergeben haben, weil man bei der Übertragung der Windkräfte auf die Mitwirkung der Zwischenriegel nicht gerechnet zu haben scheint.

In dem Gleichungssystem der D_ν treten außerdem noch die mit ν veränderlichen Größen $\eta_{a\nu}$ und $\eta_{b\nu}$ auf. Aus dem Gleichgewicht am ν-ten statisch bestimmten Grundsystem erhält man

$$\eta_{a\nu} = \frac{l_{\nu-1} - h_\nu \operatorname{tg} \alpha}{l_{\nu-1}} \quad \text{und} \quad \eta_{b\nu} = \frac{h_\nu \operatorname{tg} \alpha}{l_{\nu-1}}.$$

In diesen Größen kommen l_ν und h_ν ohne Verbindung mit den zugehörigen Trägheitsmomenten vor; analog wie für λ_ν und γ_ν kann man setzen

$$\left.\begin{aligned} l_\nu &= l\,\sigma^\nu \\ h_\nu &= h\,\sigma^\nu \end{aligned}\right\} \quad \ldots\ldots\ldots \quad (16)$$

Die durch diese Festsetzung in der Ebene festgelegten Punkte müssen auf einer Geraden, der Ständerachse, liegen; eliminiert man den Parameter σ^ν, erhält man $h_\nu = \frac{h}{l} l_\nu = c\, l_\nu$, eine Gleichung, die ohne weiteres erkennen läßt, daß obige Festsetzung mit der geometrischen Form des Tragwerkes vereinbar ist; nur hat sie zur Voraussetzung, daß im Tragwerke die Fachhöhen in demselben Verhältnisse abnehmen, wie die Stützweiten der einzelnen Fache, eine Voraussetzung, für die auch ästhetische Rücksichten sprechen.

Ist l_0, h_0 und l_n gegeben, dann wird $l = l_0$, $h = h_0$ und

$$\sigma = \sqrt[n]{\frac{l_n}{l_0}} \quad \ldots \ldots \ldots \quad (17)$$

Bezeichnet man das konstante Verhältnis $\frac{h}{l} = \varphi$, dann wird

$$\eta_{a\,\nu} = 1 - \varphi\sigma \operatorname{tg} \alpha = \eta_a = \text{konstant}$$
$$\eta_{b\,\nu} = \varphi\sigma \operatorname{tg} \alpha \quad = \eta_b = \quad \text{,,}$$

Es ist vielleicht nicht überflüssig, am Schlusse dieser Erörterungen über die notwendige Veränderlichkeit der Grundmaße noch zusammenzustellen, wieviele Größen bei den gemachten Voraussetzungen eigentlich noch willkürlich gewählt werden können. Die geometrische Form des Tragwerkes ist bestimmt durch die Stützweite l_n des obersten Riegels, die Gesamthöhe H, den Neigungswinkel α des Ständers gegen die Lotrechte und die Zahl n der Fache; außerdem können in der Rechnung 4 Trägheitsmomente berücksichtigt werden, so daß die Gesamtzahl der freien Größen 8 beträgt.

Nun sollen auf Grund der besprochenen Voraussetzungen die Koeffizienten der Differenzengleichungen der X_ν, S_ν und D_ν berechnet werden. Es wird

$$\alpha_\nu = A_1 \varkappa^\nu + A_2 \varkappa^\nu \sec \alpha = A_1 \varkappa^\nu (1 + \psi \sec \alpha)$$
$$\beta_\nu = \qquad A_1 \varkappa^\nu \left(1 + \frac{2}{3} \psi \sec \alpha\right)$$

$$1 - \frac{\alpha_\nu}{\beta_\nu} = - \frac{\psi \sec \alpha}{3 + 2\psi \sec \alpha}$$
$$1 - \frac{\lambda_\nu}{\beta_\nu} = + \frac{2\psi \sec \alpha}{3 + 2\psi \sec \alpha}$$

damit berechnet sich der Koeffizient von X_ν

$$\omega_\nu = A_1 \varkappa^{\nu-1} \frac{2\psi \sec \alpha}{3 + 2\psi \sec \alpha} - A_1 \varkappa^\nu (1 + \psi \sec \alpha) \frac{\psi \sec \alpha}{2 + 3\psi \sec \alpha} + A_1 \varkappa^\nu \psi \sec \alpha =$$
$$= A_1 \varkappa^{\nu-1} \frac{\psi \sec \alpha}{3 + 2\psi \sec \alpha} [2 + \varkappa (2 + \psi \sec \alpha)]$$

und es lautet die linke Seite der Differenzengleichung der X_ν und ebenso der S_ν

$$A_1 \varkappa^{\nu-1} \frac{\psi \sec \alpha}{3 + 2\psi \sec \alpha} [X_{\nu-1} + \{2 + \varkappa (2 + \psi \sec \alpha)\} X_\nu + \varkappa X_{\nu+1}]. \quad (18)$$

Berücksichtigt man die gegebene Veränderlichkeit der Koeffizienten in der Differenzengleichung der D_ν, wird

$$\left(\frac{l_\nu}{l_{\nu-1}}\right)^2 = \sigma^2, \quad \frac{h_\nu \operatorname{tg} \alpha}{l_{\nu-1}} = \varphi \sigma \operatorname{tg} \alpha = p$$

und man erhält dieselbe wie folgt:

$$\left.\begin{aligned}&+D_{\nu-1}[\sigma^2-2p\psi\sec\alpha(1+2\sigma)]-D_\nu[\sigma^2(1+\varkappa)+8p^2\psi\sec\alpha(1+\varkappa)+\\&\quad 6\varkappa\sigma\psi\sec\alpha]+D_{\nu+1}\varkappa[\sigma^2-2p\psi\sec\alpha(1+2\sigma)]=\\&=6\left[-\sigma\left(\frac{\mathfrak{U}_{c\nu-1}}{l_{\nu-1}^2}-\varkappa\frac{\mathfrak{U}_{c\nu}}{l_\nu^2}\right)+\varkappa\psi\sec\alpha\frac{\overline{\mathfrak{F}}_{a\nu}}{h_\nu}+\right.\\&\qquad\left.+2p\psi\sec\alpha\left(\frac{\mathfrak{U}^u_{\nu-1}}{h_{\nu-1}^2}-\varkappa\frac{\mathfrak{U}^u_\nu}{h_\nu^2}\right)\right]\end{aligned}\right\}\quad(19)$$

Analog lautet die nullte Gleichung

$$-D_0(\sigma^2+8p^2\psi\sec\alpha+6\sigma\psi\sec\alpha)+D_1[\sigma^2-2p\psi\sec\alpha(1+2\sigma)]=$$

$$=6\left[\sigma\frac{\mathfrak{U}_{c0}}{l_0^2}+\psi\sec\alpha\frac{\overline{\mathfrak{F}}_{a0}}{h_0}-2p\psi\sec\alpha\frac{\mathfrak{U}^u_0}{h_0^2}\right]\quad . \quad . \quad . \quad (19\,a)$$

Nun sind die Gleichungssysteme der X_ν, S_ν, D_ν für eine rasche Integration brauchbar gemacht, und es kann damit begonnen werden, für bestimmte, praktisch vorkommende Belastungsfälle geschlossene Lösungen derselben zu berechnen.

1. Eigengewicht.

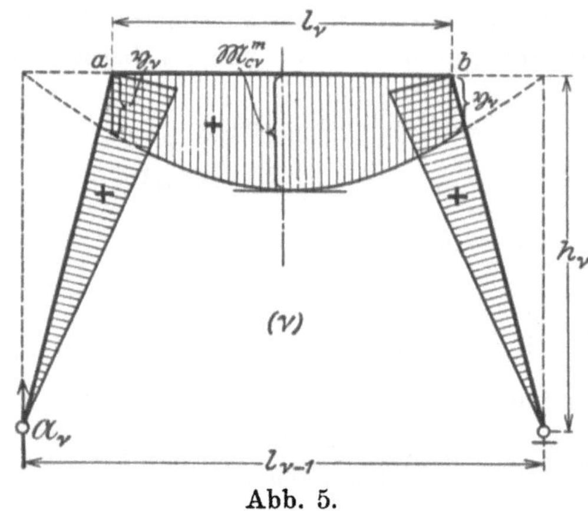

Abb. 5.

In jedem Grundsysteme sei das Eigengewicht konstant und gleichmäßig über die ganze Stützweite verteilt angenommen. Ist g_0 das Eigengewicht im nullten Fache, g_n das im n-ten, dann setze man

$$g_\nu = g_0\cdot\varepsilon^{2\nu} \text{ und } \varepsilon = \sqrt[2n]{\frac{g_n}{g_0}}$$

eine Annahme, die immer näherungsweise erfüllt sein wird. Der $\mathfrak{M}$-Verlauf im ν-ten Fache unter Belastung mit g_ν ton/m gestaltet sich nach Abb. 5.

$$\mathfrak{M}^m_{c\nu}=\frac{1}{8}g_\nu l_{\nu-1}^2=\frac{1}{8}g_0 l^2(\varepsilon\sigma)^{2\nu}\cdot\frac{1}{\sigma^2}$$

$$\mathfrak{A}_\nu=\frac{1}{2}g_\nu l_{\nu-1}=\frac{1}{2}g_0 l\,\varepsilon^{2\nu}\sigma^{\nu-1}$$

Bis zur Stelle a kann man die $\mathfrak{M}$-Linie mit ihrer Tangente identifizieren:

$$\mathfrak{y}_\nu=\mathfrak{A}_\nu h_\nu \operatorname{tg}\alpha=\frac{1}{2}g_0 l^2\varphi\operatorname{tg}\alpha(\varepsilon\sigma)^{2\nu}\cdot\frac{1}{\sigma}$$

Damit bekommt man:

$$\frac{\Phi_{c\nu}}{l_\nu} = \frac{1}{12} g_0 l^2 m (\varepsilon\sigma)^{2\nu}$$

$$\frac{\Phi_{a\nu}}{h_\nu} = \frac{1}{4} g_0 l^2 m_1 (\varepsilon\sigma)^{2\nu}$$

$$\frac{\Sigma^u_{a\nu}}{h_\nu^2} = \frac{1}{6} g_0 l^2 m_1 (\varepsilon\sigma)^{2\nu}$$

wenn $m = \frac{1}{\sigma^3}(1-6\varphi^2\sigma^2 \operatorname{tg}^2\alpha)$ und $m_1 = \frac{1}{\sigma}\varphi \operatorname{tg}\alpha$ ist.

Das Belastungsglied der ν-ten Gleichung ergibt sich daher:

$$B_\nu = A_1 \varkappa^{\nu-1} \frac{\psi \sec\alpha}{3+2\psi\sec\alpha} \cdot \frac{1}{12} g_0 l^2 m (\varepsilon\sigma)^{2\nu-2} (1-6c)(2+\varepsilon^2\sigma^2\varkappa)$$

und das der nullten:

$$B_0 = \frac{1}{12} g_0 l^2 m \cdot A_1 \frac{\psi\sec\alpha}{3+2\psi\sec\alpha} \cdot (1-6c)$$

darin bedeutet $c = \frac{m_1}{m} = \frac{1}{\sigma^2} \cdot \frac{1-6\varphi^2\sigma^2\operatorname{tg}^2\alpha}{\varphi\sigma\operatorname{tg}\alpha}$

Die Differenzengleichung der X_ν lautet daher:

$$\left.\begin{aligned}
(2+\psi\sec\alpha)X_0 + X_1 &= \frac{1}{12} g_0 l^2 m \cdot (1-6c)\\
X_0 + [2+\varkappa(2+\psi\sec\alpha)]X_1 + \varkappa X_2 &= \frac{1}{12} g_0 l^2 m \cdot\\
&\quad \cdot (1-6c)(2+\varepsilon^2\sigma^2\varkappa)\\
X_{\nu-1} + [2+\varkappa(2+\psi\sec\alpha)]X_\nu + \varkappa X_{\nu+1} &= \frac{1}{12} g_0 l^2 m (1-6c) \cdot\\
&\quad \cdot (2+\varepsilon^2\sigma^2\varkappa)\cdot(\varepsilon\sigma)^{2\nu-2}
\end{aligned}\right\} \quad (20)$$

sie ist inhomogen; man erhält die zugehörige homogene Differenzengleichung, wenn man das Belastungsglied $B_\nu = 0$ setzt. Es soll nun die Lösung der Differenzengleichung

$$X_{\nu-1} + k X_\nu + \varkappa X_{\nu+1} = 0$$

berechnet werden. Analog wie man bei Differentialgleichungen gleicher Bauart von dem Ansatz ausgeht: $\xi = e^{rx}$, geht man bei Differenzengleichungen von dem Ansatz:

$$\xi_\nu = r^\nu$$

aus. r bekommt man als Wurzeln der sogenannten ,,charakteristischen Gleichung‘‘

$$1 + kr + \varkappa r^2 = 0.$$

Sollen die beiden Wurzeln reell sein, muß $\frac{k^2}{4\varkappa} > 1$ sein, was stets für praktisch vorkommende Stockwerkrahmen erfüllt sein wird. k und $\varkappa$

sind beide positiv, daher müssen die reellen Wurzeln beide negativ sein; sind r_1 und r_2 ihre absoluten Werte, dann sind

$$\xi_\nu = (-1)^\nu C_1 r_1^\nu \quad \text{und} \quad \xi_\nu = (-1)^\nu C_2 r_2^\nu$$

partikuläre Lösungen; man erhält schließlich die Lösung als lineare Kombination der partikulären Lösungen

$$\xi_\nu = (-1)^\nu C_1 r_1^\nu + (-1)^\nu C_2 r_2^\nu.$$

Die Integrationskonstanten C_1 und C_2 bestimmen sich aus gegebenen Randbedingungen.

Zur Berechnung der Lösung der inhomogenen Differenzengleichung braucht man zunächst ein einfaches partikuläres Integral derselben; ein solches erkennt man meistens sofort aus dem Baue des Belastungsgliedes B_ν; die unbestimmten Koeffizienten, die es noch enthält, kann man durch Einsetzen in die Differenzengleichung und durch Koeffizientenvergleich ermitteln. Hat man ein partikuläres Integral, so ergibt sich nach einem bekannten Satze die allgemeine Lösung, wenn man zu diesem die Lösung der zugehörigen homogenen Differenzengleichung addiert. Was die Lösung der inhomogenen Differenzengleichung

$$X_{\nu-1} + k X^\nu + \varkappa X_{\nu+1} = a \cdot (\varepsilon\sigma)^{2\nu-2}$$

anbelangt, sieht man sofort, daß man für ein partikuläres Integral den Ansatz machen muß:

$$\xi_\nu = \bar{a} (\varepsilon\sigma)^{2\nu-2},$$

setzt man dieses ein, so bekommt man

$$\bar{a} (\varepsilon\sigma)^{2\nu-4} + k \bar{a} (\varepsilon\sigma)^{2\nu-2} + \varkappa \bar{a} (\varepsilon\sigma)^{2\nu} = a (\varepsilon\sigma)^{2\nu-2}$$

daraus

$$\bar{a} = \frac{a}{(\varepsilon\sigma)^{-2} + k + \varkappa (\varepsilon\sigma)^2}$$

und schließlich lautet die allgemeine Lösung

$$X_\nu = \bar{a} (\varepsilon\sigma)^{2\nu-2} + (-1)^\nu C_1 r_1^\nu + (-1)^\nu C_2 r_2^\nu.$$

In dem Gleichungssysteme der X_ν entspricht die Gleichung für $\nu = 0$ in den Koeffizienten der X_ν nicht dem allgemeinen Schema; sie muß daher gestrichen werden. Dafür sind zur Berechnung von C_1 und C_2 als Randwerte X_0 und X_n einzuführen, von denen X_0 vorläufig unbekannt, aber durch die gestrichene nullte Gleichung bestimmt und $X_n = 0$ ist.

Nun lauten die beiden Bestimmungsgleichungen für C_1 und C_2:

$$X_0 = \bar{a} (\varepsilon\sigma)^{-2} + C_1 + C_2$$

$$0 = \bar{a} (\varepsilon\sigma)^{2n-2} + (-1)^n C_1 r_1^n + (-1)^n C_2 r_2^n$$

daraus ist

$$C_1 = -\frac{\bar{a} (\varepsilon\sigma)^{2n-2} + [X_0 - \bar{a} (\varepsilon\sigma)^{-2}] (-1)^n r_2^n}{(-1)^n (r_1^n - r_2^n)}$$

$$C_2 = +\frac{\bar{a} (\varepsilon\sigma)^{2n-2} + [X_0 - \bar{a} (\varepsilon\sigma)^{-2}] (-1)^n r_1^n}{(-1)^n (r_1^n - r_2^n)}.$$

Eliminiert man damit C_1 und C_2 in der allgemeinen Lösung, ergibt sich nach einigem Umrechnen

$$X_\nu = \bar{a}\,(\varepsilon\,\sigma)^{2\,\nu-2} - (-1)^\nu\,[X_0 - \bar{a}\,(\varepsilon\,\sigma)^{-2}]\cdot\frac{r_1^{\,\nu}\,r_2^{\,n} - r_2^{\,\nu}\,r_1^{\,n}}{r_1^{\,n} - r_2^{\,n}} -$$

$$-(-1)^{\nu-n}\,\bar{a}\,(\varepsilon\,\sigma)^{2\,n-2}\cdot\frac{r_1^{\,\nu} - r_2^{\,\nu}}{r_1^{\,n} - r_2^{\,n}} \quad \ldots\ldots \quad (21)$$

Zur Kontrolle für die Richtigkeit dieser Gleichung soll nachgesehen werden, ob sie den Randwerten Genüge leistet. Es ist für

$\nu = 0$: $\quad X_0 = \bar{a}\,(\varepsilon\,\sigma)^{-2} + X_0 - \bar{a}\,(\varepsilon\,\sigma)^{-2}$

$\nu = n$: $\quad 0 = \bar{a}\,(\varepsilon\,\sigma)^{2\,n-2} - \bar{a}\,(\varepsilon\,\sigma)^{2\,n-2}$

In der Lösung (21) ist nur noch der Randwert X_0 unbekannt; um diesen zu bestimmen, muß man mit Hilfe der allgemeinen Lösung X_1 anschreiben; setzt man X_1 in die nullte Gleichung ein, erhält man eine Gleichung für X_0, die dasselbe eindeutig bestimmt. Es wird jedoch in den meisten Fällen nicht notwendig sein, mit der doch umfangreichen Lösung (21) zu rechnen. Wenn der mittlere Koeffizient der Differenzengleichung stark überwiegt, wird r_1 gegenüber r_2 sehr klein sein, so daß man sofort $r_1^{\,n}$, wo es als Summand auftritt, streichen kann; die Gleichung (21) geht über in folgende Form

$$X_\nu = \bar{a}\,(\varepsilon\,\sigma)^{2\,\nu-2} + (-1)^\nu\,[X_0 - \bar{a}\,(\varepsilon\,\sigma)^{-2}]\left(r_1^{\,\nu} - \frac{r_1^{\,n}}{r_2^{\,n-\nu}}\right) +$$

$$+(-1)^{\nu-n}\,\bar{a}\,(\varepsilon\,\sigma)^{2\,n-2}\left(\frac{r_1^{\,\nu}}{r_2^{\,n}} - \frac{1}{r_2^{\,n-\nu}}\right).$$

Man wird aber noch immer innerhalb der notwendigen Genauigkeit bleiben (an seinem Beispiele wird es später gezeigt werden), wenn man auch die Brüche streicht, die $r_1^{\,n}$ oder $r_1^{\,\nu}$ enthalten, so daß man die X_ν nach folgender Gleichung zu rechnen haben wird:

$$\mathbf{X_\nu = \bar{a}\,(\varepsilon\sigma)^{2\,\nu-2} + (-1)^\nu\,[X_0 - \bar{a}\,(\varepsilon\,\sigma)^{-2}]\,r_1^{\,\nu} -}$$

$$\mathbf{-(-1)^{\nu-n}\,\bar{a}\,(\varepsilon\,\sigma)^{2\,n-2}\cdot\frac{1}{r_2^{\,n-\nu}}} \quad \ldots\ldots \quad (21a)$$

Sind die X_ν bekannt, bereitet die Berechnung des Momentenverlaufes im Tragwerke keine Schwierigkeiten mehr; nach (6a) ergibt sich Y_ν nach Einsetzen der speziellen, dem Eigengewicht entsprechenden Belastungsglieder und Berücksichtigung der besprochenen Veränderlichkeit der Grundmaße mit den früheren Bezeichnungen

$$Y_\nu = \frac{3}{3 + 2\,\psi\sec\alpha}\cdot\frac{1}{A_1\,\varkappa^\nu}\Big[A_1\,\varkappa^\nu\cdot\frac{1}{12}\,g_0\,l^2\,m\,(\varepsilon\,\sigma)^{2\,\nu} + 2\,A_1\,\psi\sec\alpha\cdot\varkappa^\nu\cdot$$

$$\cdot\frac{1}{6}\,g_0\,l^2\,m_1\,(\varepsilon\,\sigma)^{2\,\nu} + X_\nu\,A_1\,\varkappa^\nu\,(1 + \psi\sec\alpha) - X_{\nu+1}\,A_1\,\varkappa^\nu\Big] =$$

$$= \frac{3}{3 + 2\,\psi \sec\alpha} \left[\frac{1}{12}\, g_0\, l^2\, m\, (\varepsilon\,\sigma)^{2\,\nu} (1 + 4\, c\, \psi \sec\alpha) + \right.$$

$$\left. + X_\nu (1 + \psi \sec\alpha) - X_{\nu+1} \right] \quad . \quad . \quad . \quad . \quad . \quad (22)$$

Das Ständerkopfmoment $\overline{X}_\nu$ ergibt sich nach (2) für $y = h$ mit

$$\overline{X}_\nu = \mathfrak{M}^o_{a\,\nu} - Y_\nu + X_\nu \quad . \quad . \quad . \quad . \quad . \quad . \quad (23)$$

wobei $\mathfrak{M}^o_{a\,\nu}$ das Moment des ν-ten Ständers am oberen Stabende des statisch bestimmten Grundsystems vorstellt.

$$\mathfrak{M}^o_{a\,\nu} = \frac{1}{2}\, g_0\, l^2 \frac{1}{\sigma^2} \cdot p\, (1 - p)\, (\varepsilon\,\sigma)^{2\,\nu}$$

und

$$M^m_{c\,\nu} = \mathfrak{M}^m_{c\,\nu} - \mathfrak{M}^o_{a\,\nu} + M^a_{c\,\nu}$$

Damit ist auch im Riegel der Momentenverlauf sofort anzugeben.

Bei der Berechnung der X_ν wurde nicht darauf geachtet, daß die Auflagerreaktion, die durch Belastung des $(\nu + 1)$-ten Faches entsteht, im ν-ten statisch bestimmten Grundsysteme einen $\mathfrak{M}$-Verlauf erzeugt; bei symmetrischer Belastung sind sämtliche $\mathfrak{A}_\nu$ ebenfalls symmetrisch angeordnet, so daß ihre Resultierende in die Symmetrieachse des Tragwerks zu liegen kommt. Da man dieselbe in zwei Seitenkräfte zerlegen kann, die in die Richtungen der beiden Ständerachsen fallen, ist ersichtlich, daß nur Längskräfte in den Stäben entstehen, daß also ein symmetrischer Belastungszustand, der nur aus Einzellasten in den Rahmenecken angreifend besteht, keine Momente im Tragwerk erzeugt.

2. Wind von links.

Die wagrechte Windkraft W greift an der obersten Ecke des Stockwerkrahmens an. Dadurch entstehen in jedem statisch bestimmten Grundsystem wagrechte und lotrechte Auflagerreaktionen; diese sind in dem unmittelbar darunter liegenden Fache mit entgegengesetzten Vorzeigen als äußere Kräfte anzubringen. Der Übersichtlichkeit halber sollen die wagrechten und lotrechten Auflagerreaktionen für die Berechnung der statisch unbestimmten Größen getrennt betrachtet werden. Als solche treten nun die D_ν auf, beziehungsweise die D_ν' bei Betrachtung der wagrechten und die D_ν'' bei Betrachtung der lotrechten Auflagerreaktionen.

Die wagrechte Auflagerreaktion ist wegen der Bedingung $\Sigma H = 0$, die in jedem Fache erfüllt sein muß, immer gleich W, so daß in jedem Fache an der oberen Ecke die Kraft W als äußere Kraft einwirkt; dadurch ergibt sich im ν-ten Fache ein $\mathfrak{M}$-Verlauf nach Abb. 6.

Es ist

$$\mathfrak{M}^a_{c\nu} = W\,h_\nu - W \cdot \frac{h_\nu}{l_{\nu-1}}\,h_\nu \operatorname{tg}\alpha = W\,h_\nu\,\frac{l_{\nu-1} - h_\nu \operatorname{tg}\alpha}{l_{\nu-1}} = \mathfrak{M}^o_{a\nu}$$

$$\mathfrak{M}^b_{c\nu} = \qquad = W\,h_\nu\,\frac{h_\nu \operatorname{tg}\alpha}{l_{\nu-1}} \qquad = \mathfrak{M}^o_{b\nu}.$$

Der „zugehörige symmetrische Belastungsfall" liefert ohne Rechnung $S_\nu = 0$, da sich die angreifenden äußeren Kräfte in jedem Fache

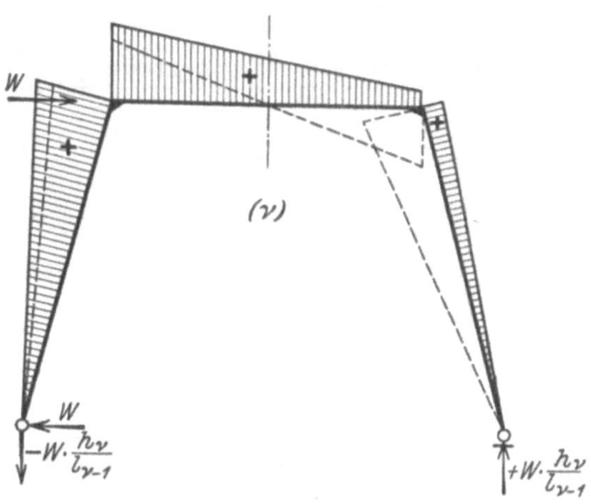

Abb. 6.

gegenseitig aufheben. Die Berechnung des Momentenverlaufs bei diesem Belastungsfalle beschränkt sich daher auf die Lösung des Gleichungssystems der D_ν.

Es ist

$$\frac{\mathfrak{U}_{c\nu}}{l_\nu^2} = \frac{1}{6}\,W\,h_\nu\,\frac{l_\nu}{l_{\nu-1}} = \frac{1}{6}\,W\,h\,\sigma^{\nu+1}$$

$$\frac{\overline{\mathfrak{J}}_{a\nu}}{h_\nu} = \qquad = \frac{1}{2}\,W\,h\,\sigma^{\nu+1}$$

$$\frac{\mathfrak{U}_{\nu u}}{h_\nu^2} = \qquad = \frac{1}{3}\,W\,h\,\sigma^{\nu+1}.$$

Damit berechnet sich das ν-te Belastungsglied des Gleichungssystems der D_ν' mit

$$B_\nu = \Big[-\frac{1}{6}\,\sigma \cdot W\,h\,\sigma^\nu + \frac{1}{6}\,\varkappa\,\sigma\,W\,h\,\sigma^{\nu+1} + \varkappa\,\psi \sec\alpha \cdot \frac{1}{2}\,W\,h\,\sigma^{\nu+1} +$$

$$+ 2\,p\,\psi \sec\alpha \cdot \frac{1}{3}\,W\,h\,\sigma^\nu - 2\,p\,\psi \sec\alpha \cdot \frac{1}{3}\,W\,h\,\sigma^{\nu+1}\Big] =$$

$$= \frac{1}{6}\,W\,h\,\sigma^\nu\,[(-1 + \varkappa\,\sigma)(\sigma - 4\,p\,\psi \sec\alpha) + 3\,\varkappa\,\sigma\,\psi \sec\alpha]$$

und analog das nullte

$$B_0 = \frac{1}{6} W h \cdot \sigma (\sigma - 4 p \psi \sec \alpha + 3 \psi \sec \alpha).$$

Das Gleichungssystem der D_ν' lautet daher

$$\left.\begin{aligned}
&- D_0' \frac{(\sigma^2 + 8 p^2 \psi \sec \alpha) + 6 \psi \sigma \sec \alpha}{\sigma^2 - 2 p \psi \sec \alpha (1 + 2\sigma)} + D_1' = \\
&\qquad = W h \frac{\sigma (\sigma - 4 p \psi \sec \alpha + 3 \psi \sec \alpha)}{\sigma^2 - 2 p \psi \sec \alpha (1 + 2\sigma)} \\
&D_0' - D_1' \frac{(\sigma^2 + 8 p^2 \psi \sec \alpha)(1 + \varkappa) + 6 \varkappa \sigma \psi \sec \alpha}{\sigma^2 - 2 p \psi \sec \alpha (1 + 2\sigma)} + \varkappa D_2' = \\
&\qquad = W h \sigma \frac{(-1 + \varkappa \sigma)(\sigma - 4 p \psi \sec \alpha) + 3 \varkappa \sigma \psi \sec \alpha}{\sigma^2 - 2 p \psi \sec \alpha (1 + 2\sigma)} \\
&D_{\nu-1}' - D_\nu' \frac{(\sigma^2 + 8 p^2 \psi \sec \alpha)(1 + \varkappa) + 6 \varkappa \sigma \psi \sec \alpha}{\sigma^2 - 2 p \psi \sec \alpha (1 + 2\sigma)} + \varkappa D_{\nu+1}' = \\
&\qquad = W h \sigma^\nu \frac{(-1 + \varkappa \sigma)(\sigma - 4 p \psi \sec \alpha) + 3 \varkappa \sigma \psi \sec \alpha}{\sigma^2 - 2 p \psi \sec \alpha (1 + 2\sigma)}
\end{aligned}\right\} \quad (24)$$

Die Differenzengleichung $D_{\nu-1}' - k_m D_\nu' + \varkappa D_{\nu+1} = a \sigma^\nu$ unterscheidet sich von der früheren im wesentlichen nur durch das negative Vorzeichen des mittleren Gliedes; die charakteristische Gleichung lautet daher

$$1 - k_m r + \varkappa r^2 = 0,$$

wenn sie reelle Wurzeln r_1 und r_2 hat, müssen beide positiv sein; es entfällt folglich in der Lösung der Vorzeichenwechsel, so daß man die Lösung der zugehörigen homogenen Differenzengleichung in folgender Form anschreiben kann:

$$\delta_\nu = C_1 r_1{}^\nu + C_2 r_2{}^\nu$$

Für ein partikuläres Integral der inhomogenen Differenzengleichung muß man den Ansatz machen

$$\delta_\nu' = \bar{a} \sigma^\nu.$$

Analog wie früher findet man durch Koeffizientenvergleichung

$$\bar{a} = \frac{a}{\sigma^{-1} - k_m + \varkappa \sigma}.$$

Damit lautet die allgemeine Lösung

$$D_\nu' = \bar{a} \sigma^\nu + C_1 r_1{}^\nu + C_2 r_2{}^\nu.$$

Die Integrationskonstanten C_1 und C_2 bestimmen sich aus den Randwerten D_0' und D_n'; D_0' ist wieder vorläufig unbekannt, aber durch die abweichende nullte Gleichung bestimmt; $D_n' = 0$, weil $X_{an} = 0$ und $X_{bn} = 0$ sein müssen.

Daraus ergibt sich:

$$C_1 = -\frac{\bar{a}\sigma^n + (D_0' - \bar{a}) r_2^n}{r_1^n - r_2^n}$$

$$C_2 = +\frac{\bar{a}\sigma^n + (D_0' - \bar{a}) r_1^n}{r_1^n - r_2^n}$$

Setzt man C_1 und C_2 ein, erhält man die allgemeine Lösung

$$D_\nu' = \bar{a}\sigma^\nu - (D_0' - \bar{a}) \cdot \frac{r_1^\nu r_2^n - r_2^\nu r_1^n}{r_1^n - r_2^n} - \bar{a}\sigma^n \frac{r_1^\nu - r_2^\nu}{r_1^n - r_2^n} \quad . \quad (25)$$

mit dem zunächst unbekannten Randwerte D_0', der aber leicht ebenso wie früher mit Hilfe der Lösung (25) für $\nu = 1$ ermittelt werden kann.

Da für praktisch vorkommende Fälle r_1 gegenüber r_2 sehr klein sein wird, genügt es jedoch immer, D_ν' nach der gekürzten Formel

$$\mathbf{D_\nu' = \bar{a}\sigma^\nu + (D_0' - \bar{a}) r_1^\nu - \bar{a}\sigma^n \frac{1}{r_2^{n-\nu}}} \quad . \quad . \quad . \quad . \quad (25\,a)$$

zu berechnen.

Die lotrechten Auflagerreaktionen sind Kräftepaare; ist das (n—1)-te Fach das oberste, dann wirkt auf das (n—2)-te Fach das Kräftepaar $\mathfrak{A}_{n-1} = W \frac{h_{n-1}}{l_{n-2}} = P_{n-2}$, das durch die wagrechte Kraft W am (n—1)-ten Fache erzeugt wird. Auf das (n—3)-te Fach wirken die Reaktionskräfte des Kräftepaares $\mathfrak{A}_{n-1}$ (wieder ein Kräftepaar $V_{n-2} = \mathfrak{A}_{n-1} \frac{l_{n-2}}{l_{n-3}}\Big)$ und das Kräftepaar $\mathfrak{A}_{n-2}$, das durch W an der oberen Ecke des (n—2)-ten Faches hervorgerufen wird; zusammen

$$P_{n-3} = V_{n-2} + A_{n-2} = \frac{\mathfrak{A}_{n-1}\, l_{n-2}}{l_{n-1}} + W \cdot \frac{h_{n-2}}{l_{n-3}} = W \cdot \frac{h_{n-1} + h_{n-2}}{l_{n-3}}.$$

Summiert man die lotrechten Auflagerreaktionen bis zum $(\nu + 1)$-ten Fache, so erhält man das auf das ν-te Fach einwirkende Kräftepaar P_ν

$$P_\nu = W \cdot \frac{1}{l_\nu} (h_{n-1} + h_{n-2} + \ldots . h_{\nu+1}) = W\varphi \cdot \frac{\sigma^{n-1} + \sigma^{n-2} + \ldots \sigma^{\nu+1}}{\sigma^\nu} =$$

$$= W\varphi\sigma(1 + \sigma + \sigma^2 + \ldots . + \sigma^{n-\nu-2})$$

Für $\nu > (n-2)$ ist $P_\nu = 0$, weil $h\sigma^{-a}$ keine geometrische Bedeutung hat; auf das (n—1)-te Fach wirken auch keine lotrechten Auflagerreaktionen ein. Für $\nu = n - 2$ ist die Anzahl der Glieder obiger Summe gleich 1 und $P_{n-2} = W\varphi\sigma(1)$; das stimmt mit dem oben Gesagten überein, da das (n − 2)-te Fach nur vom Kräftepaare $\mathfrak{A}_{n-1} = W \cdot \frac{h_{n-1}}{l_{n-2}} = W\varphi\sigma$ belastet wird.

Der Ausdruck für P_ν stellt eine geometrische Reihe mit $(n - \nu - 1)$ Gliedern und dem Quotienten σ vor; daher kann man für P_ν auch schreiben:

$$P_\nu = W\varphi\sigma\frac{\sigma^{n-\nu-1}-1}{\sigma-1} = \frac{1}{2p}W\varphi\sigma(1-\sigma^{n-\nu-1}).$$

Durch die Belastung des ν-ten Faches mit dem Kräftepaare P_ν ergibt sich ein $\mathfrak{M}$-Verlauf nach Abb. 7.

Das Momentbild ist von vornherein antisymmetrisch, so daß man folgern kann, daß durch die lotrechten Auflagerreaktionen keine Beiträge zu den Y_0 erzeugt werden.

Es ist

$$\mathfrak{M}^a_{c\nu} = -P_\nu\frac{l_\nu}{l_{\nu-1}}h_\nu \operatorname{tg}\alpha = -\frac{1}{2}W h(\sigma^{\nu+1}-\sigma^n) = \mathfrak{M}^0_{a\nu}$$

$$\mathfrak{M}^b_{c\nu} = +P_\nu\frac{l_\nu}{l_{\nu-1}}h_\nu \operatorname{tg}\alpha = \qquad = \mathfrak{M}^0_{b\nu}.$$

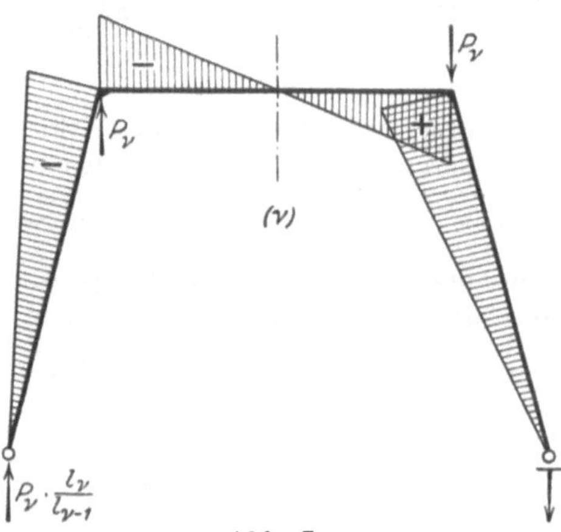

Abb. 7.

Infolgedessen ergibt sich

$$\frac{\mathfrak{U}_{c\nu}}{l_\nu^2} = +\frac{1}{3}\mathfrak{M}^a_{c\nu} = -\frac{1}{6}W h(\sigma^{\nu+1}-\sigma^n)$$

$$\frac{\overline{\mathfrak{F}}_{a\nu}}{h_\nu} = +\quad \mathfrak{M}^0_{a\nu} = -\frac{1}{2}W h(\sigma^{\nu+1}-\sigma^n)$$

$$\frac{\mathfrak{U}_\nu^u}{h_\nu^2} = +\frac{2}{3}\mathfrak{M}^0_{a\nu} = -\frac{1}{3}W h(\sigma^{\nu+1}-\sigma^n).$$

Damit rechnet sich das Belastungsglied der ν-ten Gleichung des Systems der D_ν'':

$$B_\nu = 6\left[+\sigma\left\{\frac{1}{6}W h(\sigma^\nu-\sigma^n) - \frac{1}{6}W h\varkappa(\sigma^{\nu+1}-\sigma^n)\right\}-\right.$$

$$-\varkappa\psi\sec\alpha\cdot\frac{1}{2}\mathrm{W\,h}(\sigma^{\nu+1}-\sigma^{n})-2\,p\,\psi\sec\alpha\left\{\frac{1}{3}\mathrm{W\,h}(\sigma^{\nu}-\sigma^{n})-\right.$$

$$\left.\left.-\varkappa\frac{1}{3}\mathrm{W\,h}(\sigma^{\nu+1}-\sigma^{n})\right\}\right]=$$

$$=\sigma^{\nu}\cdot\mathrm{W\,h}\left[(1-\varkappa\sigma)(\sigma-4\,p\,\psi\sec\alpha)-3\,\varkappa\sigma\,\psi\sec\alpha\right]$$

$$-\sigma^{n}\cdot\mathrm{Wh}\left[(1-\varkappa)(\sigma-4\,p\,\psi\sec\alpha)-3\,\varkappa\,\psi\sec\alpha\right]$$

und das Belastungsglied der nullten Gleichung analog

$$B_0''=-\mathrm{Wh}(\sigma-\sigma^{n})\left[(\sigma-4\,p\,\psi\sec\alpha)+3\,\psi\sec\alpha\right].$$

Daher lautet die Differenzengleichung für die D_ν'' aus den lotrechten Auflagerreaktionen

$$\left.\begin{aligned}
&-D_0''\frac{(\sigma^2+8\,p^2\,\psi\sec\alpha)+6\,\sigma\,\psi\sec\alpha}{\sigma^2-2\,p\,\psi\sec\alpha\,(1+2\,\sigma)}+D_1''=\\
&\qquad=-\mathrm{W\,h}(\sigma-\sigma^{n})\frac{(\sigma-4\,p\,\psi\sec\alpha)+3\,\psi\sec\alpha}{\sigma^2-2\,p\,\psi\sec\alpha\,(1+2\,\sigma)}\\
&D_0''-D_1''\frac{(\sigma^2+8\,p^2\,\psi\sec\alpha)(1+\varkappa)+6\,\varkappa\,\sigma\,\psi\sec\alpha}{\sigma^2-2\,p\,\psi\sec\alpha\,(1+2\,\sigma)}+\varkappa\,D_2''=\\
&\qquad=\sigma\cdot\mathrm{W\,h}\frac{(\sigma-4\,p\,\psi\sec\alpha)(1-\varkappa\,\sigma)-3\,\varkappa\,\sigma\,\psi\sec\alpha}{\sigma^2-2\,p\,\psi\sec\alpha\,(1+2\,\sigma)}-\\
&\qquad\qquad-\mathrm{W\,h}\,\sigma^{n}\frac{(\sigma-4\,p\,\psi\sec\alpha)(1-\varkappa)-3\,\varkappa\,\psi\sec\alpha}{\sigma^2-2\,p\,\psi\sec\alpha\,(1+2\,\sigma)}\\
&D_{\nu-1}''-D_\nu''\frac{(\sigma^2+8\,p^2\,\psi\sec\alpha)(1+\varkappa)+6\,\varkappa\,\sigma\,\psi\sec\alpha}{\sigma^2-2\,p\,\psi\sec\alpha\,(1+2\,\sigma)}+\varkappa\,D_{\nu+1}''=\\
&\qquad=\sigma^{\nu}\,\mathrm{W\,h}\frac{(\sigma-4\,p\,\psi\sec\alpha)(1-\varkappa\,\sigma)-3\,\varkappa\,\sigma\,\psi\sec\alpha}{\sigma^2-2\,p\,\psi\sec\alpha\,(1+2\,\sigma)}-\\
&\qquad\qquad-\mathrm{W\,h}\,\sigma^{n}\frac{(\sigma-4\,p\,\psi\sec\alpha)(1-\varkappa)-3\,\varkappa\,\psi\sec\alpha}{\sigma^2-2\,p\,\psi\sec\alpha\,(1+2\sigma)}
\end{aligned}\right\}\quad(26)$$

Diese Differenzengleichung ist abgesehen von der für ν gleich Null nach folgendem Schema gebaut:

$$D_{\nu-1}''-k_m\,D_\nu''+\varkappa\,D_{\nu+1}'=a\,\sigma^{\nu}+b$$

wobei

$$\left.\begin{aligned}
a&=\mathrm{W\,h}\frac{(\sigma-4\,p\,\psi\sec\alpha)(1-\varkappa\,\sigma)-3\,\varkappa\,\sigma\,\psi\sec\alpha}{\sigma^2-2\,p\,\psi\sec\alpha\,(1+2\,\sigma)}\\
b&=-\mathrm{W\,h}\,\sigma^{n}\frac{(\sigma-4\,p\,\psi\sec\alpha)(1-\varkappa)-3\,\varkappa\,\psi\sec\alpha}{\sigma^2-2\,p\,\psi\sec\alpha\,(1+2\,\sigma)}
\end{aligned}\right\}\quad(27)$$

Für ein partikuläres Integral ist folgender Ansatz zu machen:

$$\delta_\nu'=\bar{a}\,\sigma^{\nu}+\bar{b}.$$

Durch Substitution und Koeffizientenvergleichung ergibt sich

$$\bar{a} = \frac{a}{\sigma^{-1} - k_m + \varkappa \sigma}$$

$$\bar{b} = \frac{b}{1 - k_m + \varkappa}$$

und die allgemeine Lösung für D''_ν lautet

$$D''_\nu = \bar{a}\,\sigma^\nu + \bar{b} + C_1 r_1{}^\nu + C_2 r_2{}^\nu.$$

Mit Hilfe der Randwerte D''_0 und $D''_n = 0$ lassen sich wieder die Integrationskonstanten C_1 und C_2 eliminieren. Es wird

$$C_1 = -\frac{\bar{b} + \bar{a}\,\sigma^n + (D''_0 - \bar{b} - \bar{a})\,r_2{}^n}{r_1{}^n - r_2{}^n}$$

$$C_2 = +\frac{\bar{b} + \bar{a}\,\sigma^n + (D''_0 - \bar{b} - \bar{a})\,r_1{}^n}{r_1{}^n - r_2{}^n}$$

und damit schließlich

$$D''_\nu = \bar{a}\,\sigma^\nu + \bar{b} - (D''_0 - \bar{a} - \bar{b})\frac{r_1{}^\nu r_2{}^n - r_2{}^\nu r_1{}^n}{r_1{}^n - r_2{}^n} - (\bar{a}\,\sigma^n + \bar{b})\frac{r_1{}^\nu - r_2{}^\nu}{r_1{}^n - r_2{}^n} \quad (28)$$

Auch hier hat man nicht nach dieser umfangreichen Formel zu rechnen, sondern kann D''_ν bei Einhaltung der notwendigen Genauigkeit nach dem gekürzten Ausdrucke

$$\mathbf{D''_\nu = \bar{a}\,\sigma^\nu + \bar{b} + (D''_0 - \bar{a} - \bar{b})\,r_1{}^\nu - (\bar{a}\,\sigma^n + \bar{b})\,\frac{1}{r_2{}^{n-\nu}}} \quad . \quad (28\,a)$$

bestimmen.

Summiert man die gerechneten D'_ν und D''_ν und bezeichnet die Summe mit D_ν, so ergeben sich leicht die Ständerfußmomente mit $X_{a\nu} = +\frac{D_\nu}{2}$ und $X_{b\nu} = -\frac{D_\nu}{2}$. Um die Ständerkopfmomente zu ermitteln, braucht man die statisch unbestimmten Größen Y_ν. Nach (10) war

$$Y_\nu = \frac{1}{2\,\beta_\nu}\left[2\,\lambda_\nu\,\frac{\Phi_{c\nu}}{l_\nu} + 2\,\gamma_\nu \sec\alpha\,\frac{\Sigma^u_{a\nu} + \Sigma^u_{b\nu}}{h_\nu{}^2} + S_\nu\,\alpha_\nu - S_{\nu+1}\,\lambda_\nu\right]$$

Mit den der angenommenen Veränderlichkeit der Grundmaße entsprechenden Koeffizienten α, β, γ, λ und der schon erschlossenen Bedingung $S_\nu = 0$ ergibt sich Y_ν mit

$$Y_\nu = \frac{3}{3 + 2\,\psi \sec\alpha}\left[\frac{\Phi_{c\nu}}{l_\nu} + \psi \sec\alpha\,\frac{\Sigma^u_{a\nu} + \Sigma^u_{b\nu}}{h_\nu{}^2}\right].$$

Es ist

$$\frac{\Phi_{c\nu}}{l_\nu} = \frac{1}{2}\left(\mathfrak{M}^a_{c\nu} + \mathfrak{M}^b_{c\nu}\right) = \frac{1}{2}\,W\,h_\nu$$

$$\frac{\Sigma^u_{a\nu} + \Sigma^u_{b\nu}}{h_\nu{}^2} = \frac{1}{3}\left(\mathfrak{M}^o_{a\nu} + \mathfrak{M}^o_{b\nu}\right) = \frac{1}{3}\,W\,h_\nu.$$

Damit berechnet sich

$$Y_\nu = \frac{3}{3 + 2\,\psi \sec \alpha}\left[\frac{1}{2}\,W\,h_\nu + \psi \sec \alpha \cdot \frac{1}{3}\,W\,h_\nu\right] = \frac{1}{2}\,W\,h_\nu \quad . \quad (29)$$

Da, wie schon erwähnt, durch die lotrechten Auflagereaktionen keine Beiträge zu den Y_ν erzeugt werden, liefert obiger Wert die vollständigen Größen Y_ν.

Die Ständerkopfmomente $\overline{X}_{a\nu}$ und $\overline{X}_{b\nu}$ ergeben sich nun auf Grund der Momentenbilder nach folgender Beziehung:

$$\overline{X}_{a\nu} = \mathfrak{M}^0_{a\nu} + X_{a\nu}\frac{l_{\nu-1} - h_\nu \operatorname{tg} \alpha}{l_{\nu-1}} + X_{b\nu}\frac{h_\nu \operatorname{tg} \alpha}{l_{\nu-1}} +$$

$$+ X_{a\nu+1}\frac{h_\nu \operatorname{tg} \alpha}{l_{\nu-1}} - X_{b\nu+1}\frac{h_\nu \operatorname{tg} \alpha}{l_{\nu-1}} - Y_\nu$$

$$= \mathfrak{M}^0_{a\nu} + X_{a\nu}\,(1-p) + X_{b\nu}\,p + X_{a\nu+1}\,p - X_{b\nu+1}\,p - Y_\nu \quad . \quad (30)$$

für den gegebenen Belastungsfall ist $X_{a\nu} = -X_{b\nu}$, $X_{a\nu+1} = -X_{b\nu+1}$ daher ist

$$\overline{X}_{a\nu} = M^0_{a\nu} + X_{a\nu}\,(1-2\,p) + X_{a\nu+1}\cdot 2\,p - Y_\nu \quad . \quad . \quad (30\text{a})$$

und

$$\overline{X}_{b\nu} = -\overline{X}_{a\nu}$$

$$\mathfrak{M}^0_{a\nu} = W\,h_\nu \cdot \frac{l_{\nu-1} - h_\nu \operatorname{tg} \alpha}{l_{\nu-1}} - P_\nu \frac{l_\nu}{l_{\nu-1}}\,h_\nu \operatorname{tg} \alpha$$

$$= W\,h\,\sigma^\nu\left[(1-p) - \frac{1}{2}\,\sigma\,(1 - \sigma^{n-\nu-1})\right] \quad . \quad . \quad . \quad (31)$$

Mit den Ständerkopfmomenten ist nun der Momentenverlauf im ganzen Tragwerk bestimmt.

3. An dem obersten Rahmenfache greift das Moment M an.

Dieser Belastungsfall ergibt sich bei exzentrisch angreifender Windkraft; das Angriffsmoment soll zur Hälfte auf die linke, zur Hälfte auf die rechte Ecke des obersten Rahmenfaches aufgeteilt werden.

Dann ergibt sich im (n—1)-ten Fache ein $\mathfrak{M}$-Verlauf nach Abb. 8. Am darunterliegenden (n—2)-ten Fache greifen nurmehr die Reaktionskräfte des (n—1)-ten Faches $\left(\mathfrak{A}_{n-1} = \pm\frac{\mathfrak{M}}{l_{n-2}}\right)$ und am ν-ten Fache daher das Kräftepaar $\mathfrak{A}_{\nu+1} = \frac{\mathfrak{M}}{l_\nu}$ an, welches die Reaktionskräfte $\mathfrak{A}_\nu = \pm\frac{\mathfrak{M}}{l_{\nu-1}}$ erzeugt. Ähnlich wie im zweiten Kapitel dieses Abschnittes ergibt sich

$$\frac{\mathfrak{U}_{c\nu}}{l_\nu{}^2} = -\frac{1}{3}\,M\,\frac{h_\nu \operatorname{tg} \alpha}{l_{\nu-1}} = -\frac{1}{3}\,M\,\varphi\,\sigma \operatorname{tg} \alpha = -\frac{1}{3}\,M\,p$$

$$\frac{\overline{\mathfrak{F}}_{a\nu}}{h_\nu} = - M \frac{h_\nu \operatorname{tg} \alpha}{l_{\nu-1}} = - M \varphi \sigma \operatorname{tg} \alpha = - M p$$

$$\frac{\mathfrak{U}_\nu^u}{h_\nu^2} = - \frac{2}{3} M \frac{h_\nu \operatorname{tg} \alpha}{l_{\nu-1}} = = - \frac{2}{3} M p$$

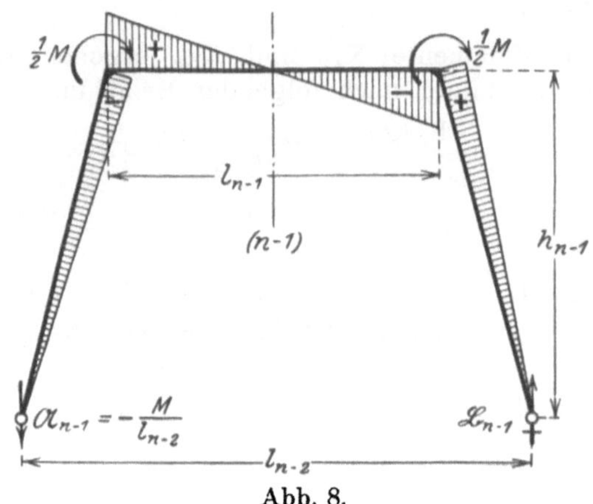

Abb. 8.

für $\nu = 0$ bis $\nu = (n - 2)$; im $(n - 1)$-ten Fache erhält man für

$$\frac{\mathfrak{U}_{c\,n-1}}{l_{n-1}^2} = + \frac{1}{3} M \cdot \frac{l_{n-2} - 2 h_{n-1} \operatorname{tg} \alpha}{2 l_{n-2}} = \frac{1}{6} M p \sigma$$

$$\frac{\overline{\mathfrak{F}}_{a\,n-1}}{h_{n-1}} = - M \frac{h_{n-1} \operatorname{tg} \alpha}{l_{n-2}} = - M p$$

$$\frac{\mathfrak{U}_{n-1}^u}{h_{n-1}^2} = - \frac{2}{3} M \frac{h_{n-1} \operatorname{tg} \alpha}{l_{n-2}} = - \frac{2}{3} M p.$$

Damit rechnen sich die Belastungsglieder

$$B_\nu = 6 \left[\frac{1}{3} \sigma M p - \varkappa \sigma \cdot \frac{1}{3} M p - \varkappa \psi \sec \alpha M p - 2 p \psi \sec \alpha \left(\frac{2}{3} M p - \varkappa \frac{2}{3} M p \right) \right] =$$

$$= 2 M p \left[(1 - \varkappa)(\sigma - 4 p \psi \sec \alpha) - 3 \varkappa \psi \sec \alpha \right]$$

und

$$B_0 = - 2 M p \left[(\sigma - 4 p \psi \sec \alpha) + 3 \psi \sec \alpha \right].$$

Abweichend gebaut ist nur das Belastungsglied B_{n-1}, welches lautet:

$$B_{n-1} = 2 M p \left[\sigma \left(1 + \frac{\varkappa \sigma}{2 p} \right) - 3 \varkappa \psi \sec \alpha - 4 p \psi \sec \alpha (1 - \varkappa) \right].$$

Damit lautet die Differenzengleichung der D_ν:

$$\left.\begin{aligned}
-D_0 k_m' + D_1 &= -2\,p\,M\,\frac{(\sigma - 4\,p\,\psi\sec\alpha) + 3\,\psi\sec\alpha}{\sigma^2 - 2\,p\,\psi\sec\alpha\,(1+2\,\sigma)}\\
D_0 - D_1 k_m + \varkappa D_2 &= \\
&= +2\,M\,p\,\frac{(1-\varkappa)(\sigma - 4\,p\,\psi\sec\alpha) - 3\,\varkappa\,\psi\sec\alpha}{\sigma^2 - 2\,p\,\psi\sec\alpha\,(1+2\,\sigma)}\\
D_{\nu-1} - D_\nu k_m + \varkappa D_{\nu+1} &= \\
&= +2\,M\,p\,\frac{(1-\varkappa)(\sigma - 4\,p\,\psi\sec\alpha) - 3\,\varkappa\,\psi\sec\alpha}{\sigma^2 - 2\,p\,\psi\sec\alpha\,(1+2\,\sigma)}\\
&\vdots\\
D_{n-2} - D_{n-1} k_m &= \\
&= +2\,M\,p\,\frac{\sigma\left(1+\frac{\varkappa\,\sigma}{2\,p}\right) - (1-\varkappa)\,4\,p\,\psi\sec\alpha - 3\,\varkappa\,\psi\sec\alpha}{\sigma^2 - 2\,p\,\psi\sec\alpha\,(1+2\,\sigma)}
\end{aligned}\right\}\quad(32)$$

Die Gleichungen für $\nu = 0$ und $\nu = n-1$ folgen in den Belastungsgliedern nicht dem Schema der übrigen, die durch die Form

$$D_{\nu-1} - D_\nu k_m + \varkappa D_{\nu+1} = b$$

gegeben sind; für die Integration der Differenzengleichung müssen sie daher zunächst gestrichen werden, dafür sind D_0 und D_{n-1} als vorläufig unbekannte Randwerte einzuführen. Hat das Tragwerk nur wenig Fache, dann empfiehlt sich die Auflösung des Gleichungssystems durch Integration nicht; man wird mit Hilfe elementarer Methoden früher zum Ziele kommen. Sind viele Fache vorhanden, wird man folgenden Weg einzuschlagen haben:

$$D_\nu = \bar{b} + C_1 r_1^{\,\nu} + C_2 r_2^{\,\nu},$$

wobei wie früher $\bar{b} = \dfrac{b}{1 - k_m + \varkappa}$ ist.

C_1 und C_2 bestimmen sich aus den Randwerten; für $\nu = 0$ ist $D_\nu = D_0$ und für $\nu = n-1$ ist $D_\nu = D_{n-1}$; daher ist

$$\begin{aligned} D_0 &= \bar{b} + C_1 + C_2\\ D_{n-1} &= \bar{b} + C_1 r_1^{\,n-1} + C_2 r_2^{\,n-1}\end{aligned}$$

und daraus

$$C_1 = -\frac{\bar{b} + (D_0 - \bar{b})\,r_2^{\,n-1} - D_{n-1}}{r_1^{\,n-1} - r_2^{\,n-1}}$$

$$C_2 = +\frac{\bar{b} + (D_0 - \bar{b})\,r_1^{\,n-1} - D_{n-1}}{r_1^{\,n-1} - r_2^{\,n-1}}$$

schießlich ergibt sich D_ν mit

$$D_\nu = \bar{b} - (D_0 - \bar{b})\,\frac{r_1^{\,\nu} r_2^{\,n-1} - r_2^{\,\nu} r_1^{\,n-1}}{r_1^{\,n-1} - r_2^{\,n-1}} + (D_{n-1} - \bar{b})\,\frac{r_1^{\,\nu} - r_2^{\,\nu}}{r_1^{\,n-1} - r_2^{\,n-1}}. \qquad (33)$$

Schreibt man die Lösung für $\nu = 1$ und für $\nu = n-1$ an, so erhält man mit den beiden gestrichenen Gleichungen zusammen vier

Gleichungen, die nur D_0, D_1 D_{n-1} und D_{n-2} enthalten und aus denen man diese Größen zu ermitteln hätte. Wegen der gegenseitigen Größenverhältnisse von r_1 und r_2 wird sich aber die Rechnung dadurch wesentlich vereinfachen, daß der Beitrag, den D_{n-1} zu D_1 liefert, ohne die notwendige Genauigkeit zu beeinflussen, vernachlässigt werden kann, ebenso der Beitrag, den D_0 zu D_{n-2} liefert, so daß aus den vier Gleichungen mit vier Unbekannten zweimal zwei Gleichungen mit zwei Unbekannten werden. Da der betrachtete Belastungsfall von vornherein antisymmetrisch ist, ist $Y_\nu = 0$; der „zugehörige symmetrische Belastungsfall" läßt erkennen, daß auch $S_\nu = 0$ wird. Damit ergibt sich $X_{a\nu} = \frac{D_\nu}{2}$ und $X_{b\nu} = -\frac{D_\nu}{2}$ und das Ständerkopfmoment wird gleich

$$\overline{X}_{a\nu} = \mathfrak{M}^0_{a\nu} + X_{a\nu}(1 - 2p) + X_{a\,\nu+1} \cdot 2p,$$

wobei $\mathfrak{M}^0_{a\nu}$ für $\nu = 0$ bis $\nu = n - 1$ gleich

$$\mathfrak{M}^0_{a\nu} = -\frac{M}{l_{\nu-1}} h_\nu \operatorname{tg} \alpha = -M \varphi \sigma \operatorname{tg} \alpha = -M p$$

ist.

4. Symmetrische Belastung des obersten Riegels mit Nutzlast.

Dieser Belastungsfall bietet nichts Neues; alle Belastungsglieder mit Ausnahme des (n — l)-ten sind gleich Null und dieses reduziert sich auf

$$B_{n-1} = -\lambda_{n-1}\left(1 - \frac{\alpha_{n-1}}{\beta_{n-1}}\right)\frac{\Phi_{c\,n-1}}{l_{n-1}} - 2\gamma_{n-1} \sec\alpha \frac{\Phi_{a\,n-1}}{h_{n-1}} + \\ + 2\frac{\alpha_{n-1}}{\beta_{n-1}}\gamma_{n-1} \sec\alpha \frac{\Sigma^u_{a\,n-1}}{h_{n-1}{}^2}.$$

Auch hier wird sich die Methode der Integration erst dann lohnen, wenn viele Fache vorhanden sind; man wird dabei so vorzugehen haben, wie bereits im 3. Kapitel des II. Abschnittes angegeben wurde. Bei nur wenig Fachen empfiehlt sich die Lösung des Gleichungssystems der X_ν durch Substitution.

5. Unsymmetrische Belastung des obersten Riegels mit Nutzlast.

Der „zugehörige symmetrische" Belastungsfall ist im vorangehenden Kapitel besprochen worden, nur der „zugehörige antisymmetrische" Belastungsfall braucht noch untersucht zu werden, um den Momentenverlauf im Tragwerk angeben zu können.

Es sei der Fall der halbseitigen Belastung mit q ton/m betrachtet. Dann ergibt sich im (n — 1)-ten Fache ein $\mathfrak{M}$-Verlauf nach Abb. 9.

Es ist

$$\mathfrak{A}_{n-1} = \frac{q}{8}\frac{l_{n-1}^{\,2}}{l_{n-2}}\left(3 + 4\frac{h_{n-1}}{l_{n-1}}\operatorname{tg}\alpha\right)$$

$$\mathfrak{B}_{n-1} = \frac{q}{8}\frac{l_{n-1}^{\,2}}{l_{n-2}}\left(1 + 4\frac{h_{n-1}}{l_{n-1}}\operatorname{tg}\alpha\right)$$

und mit Berücksichtigung der angenommenen Gesetzmäßigkeit wird

$$\mathfrak{A}_{n-1} = \frac{ql}{8}\sigma^n\,(3 + 4\,\varphi\operatorname{tg}\alpha) \text{ und } \mathfrak{B}_{n-1} = \frac{ql}{8}\sigma^n\,(1 + 4\,\varphi\operatorname{tg}\alpha).$$

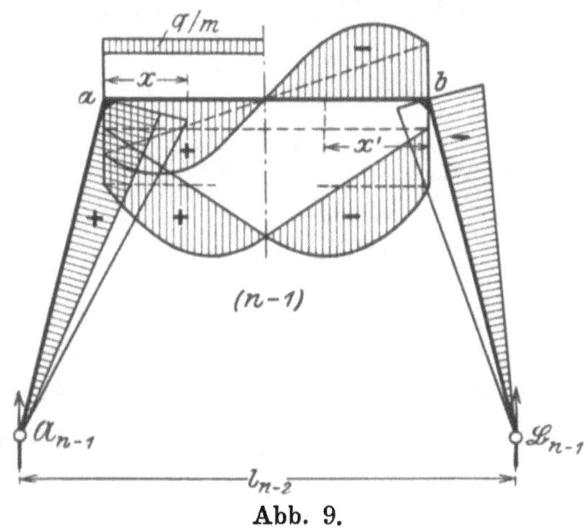

Abb. 9.

Damit ergibt sich

$$\mathfrak{M}^{a}_{c\,n-1} = \mathfrak{A}_{n-1}\,h_{n-1}\operatorname{tg}\alpha = \frac{ql^2}{8}\varphi\,\sigma\operatorname{tg}\alpha\,\sigma^{2(n-1)}\,(3 + 4\,\varphi\operatorname{tg}\alpha) = \mathfrak{M}^{o}_{a\,n-1}$$

$$\mathfrak{M}^{b}_{c\,n-1} = \mathfrak{B}_{n-1}\,h_{n-1}\operatorname{tg}\alpha = \frac{ql^2}{8}\varphi\,\sigma\operatorname{tg}\alpha\,\sigma^{2(n-1)}\,(1 + 4\,\varphi\operatorname{tg}\alpha) = \mathfrak{M}_{o}^{b\,n-1}$$

$$\mathfrak{M}^{x}_{c\,n-1} = \mathfrak{A}_{n-1}\,(h_{n-1}\operatorname{tg}\alpha + x) - \frac{qx^2}{2}$$

$$\mathfrak{M}^{o}_{a\,n-1} - \mathfrak{M}^{o}_{b\,n-1} = \frac{ql^2}{4}\,p\,\sigma^{2(n-1)}.$$

Führt man für $h_{n-1}\operatorname{tg}\alpha$ die abkürzende Bezeichnung a ein, so berechnet sich

$$\Sigma^{b}_{c\,n-1} = \int_0^{\frac{l}{2}}\left[\mathfrak{A}_{n+1}\,(a + x) - \frac{qx^2}{2}\right](l-x)\,dx + \int_0^{\frac{l}{2}}\mathfrak{B}_{n-1}\,(a + x')\,x'\,dx' =$$

$$= \frac{1}{24}\mathfrak{A}_{n-1}\,l_{n-1}^{\,2}\,(2\,l_{n-1} + 9\,a) + \frac{1}{24}\mathfrak{B}_{n-1}\,l_{n-1}^{\,2}\,(l_{n-1} + 3\,a) -$$

$$-\frac{5}{384}\,q\,l_{n-1}^{\,4}$$

$$\Sigma^{a}_{c\,n-1} = \int\limits_{0}^{\frac{l}{2}} \left[\mathfrak{A}_{n-1}(a+x) - \frac{q x^2}{2}\right] x\,dx + \int\limits_{0}^{\frac{l}{2}} \mathfrak{B}_{n-1}(a+x')(l-x')\,dx' =$$

$$= \frac{1}{24}\mathfrak{A}_{n-1}\, l_{n-1}{}^2\,(l_{n-1}+3a) + \frac{1}{24}\mathfrak{B}_{n-1}\, l_{n-1}{}^2 (2\,l_{n-1}+9a) -$$

$$- \frac{3}{384}\, q l_{n-1}{}^4$$

$$\frac{\mathfrak{U}_{c\,n-1}}{l_{n-1}{}^2} = \frac{1}{24}(l_{n-1}+6a)(\mathfrak{A}_{n-1}-\mathfrak{B}_{n-1}) - \frac{1}{192}\, q\, l_{n-1}{}^2 =$$

$$= \frac{q l^2}{192}\,\sigma^{2(n-1)}\,[2(\sigma+6p)-1]$$

$$\frac{\overline{\mathfrak{F}}_{a\,n-1}}{h_{n-1}} = \frac{1}{2}(\mathfrak{M}^{o}_{a\,n-1} - \mathfrak{M}^{o}_{b\,n-1}) = \frac{q l^2}{8}\, p\, \sigma^{2(n-1)}$$

$$\frac{\mathfrak{U}^{u}_{n-1}}{h_{n-1}{}^2} = \frac{1}{3}(\mathfrak{M}^{o}_{a\,n-1} - \mathfrak{M}^{o}_{b\,n-1}) = \frac{q l^2}{12}\, p\, \sigma^{2(n-1)}.$$

Am (n—2-ten) Fache sind die Auflagerreaktionen des darüberliegenden mit entgegengesetzten Vorzeichen als äußere Kräfte anzubringen: bezeichnet man dieses Kräftepaar mit $\pm P_{n-1}$, dann greift am (n—3)-ten Fache das Kräftepaar $\pm \frac{P_{n-1}\, l_{n-2}}{l_{n-3}}$ und analog am ν-ten

$$\pm \frac{P_{n-1}\, l_{n-2}}{l_{\nu}}.$$

Der $\mathfrak{M}$-Verlauf am ν-ten Fache gestaltet sich daher wie folgt:

$$\mathfrak{M}^{o}_{a\,\nu} = + \frac{P_{n-1}\, l_{n-2}}{l_{\nu}}\,\frac{l_{\nu}}{l_{\nu-1}}\, h_{\nu}\cdot \operatorname{tg}\alpha = + P_{n-1}\,\varphi\,\sigma \operatorname{tg}\alpha \cdot l\, \sigma^{n-2} = \mathfrak{M}^{a}_{c\,\nu}$$

$$\mathfrak{M}^{o}_{b\,\nu} = - \frac{P_{n-1}\, l_{n-2}}{l_{\nu}}\,\frac{l_{\nu}}{l_{\nu-1}}\, h_{\nu} \operatorname{tg}\alpha = \mathfrak{M}^{b}_{c\,\nu}.$$

$$P_{n-1} = (\mathfrak{A}_{n-1} - \mathfrak{B}_{n-1}) = \frac{q l}{4}\,\sigma^{n}.$$

Daher ist

$$\frac{\mathfrak{U}_{c\,\nu}}{l_{\nu}{}^2} = + \frac{1}{3}\,\mathfrak{M}^{a}_{c\,\nu} = \frac{1}{3}\,\frac{q l}{4}\,\sigma^{n}\,\frac{l\sigma^{n-2}}{l\sigma^{\nu-1}}\, l\,\varphi\,\sigma^{\nu} \operatorname{tg}\alpha = \frac{q l^2}{12}\, p\, \sigma^{2(n-1)}$$

$$\frac{\overline{\mathfrak{F}}_{a\,\nu}}{h_{\nu}} = \mathfrak{M}^{0}_{a\,\nu} \qquad = \qquad = \frac{q l^2}{4}\, p\, \sigma^{2(n-1)}$$

$$\frac{\mathfrak{U}_{\nu}}{h^2_{\nu}} = \frac{2}{3}\,\mathfrak{M}^{0}_{a\,\nu} \qquad = \qquad = \frac{q l^2}{6}\, p\, \sigma^{2(n-1)}$$

und zwar gelten diese Ausdrücke für $\nu = 0$ bis $\nu = n - 2$. Damit ergeben sich nun die Belastungsglieder der Differenzengleichung nach (12) mit

$$B_0 = \frac{1}{2} q l^2 p \sigma^{2(n-1)} [(\sigma - 4p\psi \sec\alpha) + 3\psi \sec\alpha]$$

$$B_\nu = -\frac{1}{2} q l^2 p \sigma^{2(n-1)} [(1-\varkappa)(\sigma - 4p\psi \sec\alpha) - 3\varkappa\psi \sec\alpha]$$

$$B_{n-1} = 6\left\{\frac{1}{12} q l^2 p \sigma^{2(n-1)} \left[-\sigma + \varkappa \cdot \frac{1}{16}(2\sigma + 12p - 1)\right] + \varkappa\psi \sec\alpha \cdot \right.$$
$$\left. \cdot \frac{q l^2}{8} \cdot p \sigma^{2(n-1)} + 2p\psi \sec\alpha \left(\frac{q l^2}{6} p \sigma^{2(n-1)} - \varkappa \frac{q l^2}{12} p \sigma^{2(n-1)}\right)\right\}$$

und diese selbst lautet schließlich

$$\left.\begin{aligned}
&-k_m' D_0 + D_1 = \frac{1}{2} q l^2 p \sigma^{2(n-1)} \cdot \frac{(\sigma - 4p\psi\sec\alpha) + 3\psi\sec\alpha}{\sigma^2 - 2p\psi\sec\alpha(1+2\sigma)} \\
&D_0 - k_m D_1 + \varkappa D_2 = \\
&\qquad -\frac{1}{2} q l^2 p\, \sigma^{2(n-1)} \cdot \frac{(1-\varkappa)(\sigma - 4p\psi\sec\alpha) - 3\varkappa\psi\sec\alpha}{\sigma^2 - 2p\psi\sec\alpha(1+2\sigma)} \\
&D_{\nu-1} - k_m D_\nu + \varkappa D_{\nu+1} = - \\
&\qquad -\frac{1}{2} q l^2 p \sigma^{2(n-1)} \cdot \frac{(1-\varkappa)(\sigma - 4p\psi\sec\alpha) - 3\varkappa\psi\sec\alpha}{\sigma^2 - 2p\psi\sec\alpha(1+2\sigma)} \\
&D_{n-3} - k_m D_{n-2} + \varkappa D_{n-1} = \\
&\qquad -\frac{1}{2} q l^2 p \sigma^{2(n-1)} \cdot \frac{(1-\varkappa)(\sigma - 4p\psi\sec\alpha) - 3\varkappa\psi\sec\alpha}{\sigma^2 - 2p\psi\sec\alpha(1+2\sigma)} \\
&D_{n-2} - k_m D_{n-1} \qquad = \frac{1}{32} q l^2 \sigma^{2(n-1)} \cdot \\
&\frac{\sigma\left[-16 + \frac{\varkappa}{p}(2\sigma + 12p - 1)\right] + 24\varkappa\psi\sec\alpha + 32p\psi\sec\alpha(2-\varkappa)}{\sigma^2 - 2p\psi\sec\alpha(1+2\sigma)}
\end{aligned}\right\} \quad (34)$$

Streicht man die erste und letzte Gleichung dieses Systems, so erhält man die Differenzengleichung $D_{\nu-1} - k_m D_\nu + \varkappa D_{\nu+1} = b$ mit den zunächst unbekannten Randwerten D_0 und D_{n-1}, die bereits im dritten Kapitel des zweiten Abschnittes gelöst wurde.

Die Größen S_ν und D_ν können nun als bekannt gelten; damit auch die Ständerfußmomente. Die Größen Y_ν bekommt man aus dem „zugehörigen symmetrischen" Belastungszustande mit dem doppelten Betrage, weil der „zugehörige antisymmetrische" Belastungszustand $Y_\nu = 0$ liefert; damit macht auch die Berechnung der Ständerkopfmomente nach der Beziehung (30) keine Schwierigkeiten mehr.

Beispiel.

Die leichte Anwendbarkeit und die übersichtliche Berechnungsmöglichkeit der abgeleiteten Formeln soll nun an einem Beispiele deutlich gemacht werden.

Gegeben sei ein mehrteiliger Rahmenbock von einer Gesamthöhe $H = 30{,}00$ m, einer oberen Breite $l_{n-1} = 3{,}50$ m; die Zahl der Fache sei $n = 5$, die Neigung der Ständerachse gegen die Lotrechte betrage 5 %, daher $\operatorname{tg}\alpha = 0{,}05$. Damit ergibt sich eine untere Breite des Bockes (an der Einspannstelle) mit $l' = 6{,}50$ m.

$$\sigma = \sqrt[n-1]{\frac{l_{n-1}}{l_o}} = \sqrt[n]{\frac{l_{n-1}}{l'}} = \sqrt[5]{\frac{3{,}50}{6{,}50}} = 0{,}8835.$$

$$H = h(1 + \sigma + \sigma^2 + \sigma^3 + \sigma^4) = h \cdot 3{,}9633, \text{ daraus } h = h_0 = \frac{30{,}00}{3{,}9633} = 7{,}570 \text{ m}$$

$$\begin{array}{ll}
h_0 = h \qquad\qquad\qquad\qquad 7{,}570 \text{ m}, & l_0 = l' - 2h_0 \operatorname{tg}\alpha = 5{,}743 \text{ m} \\
h_1 = h\sigma \;= 7{,}570 \cdot 0{,}8835 = 6{,}688 \text{ m}, & l_1 = l_0 - 2h_1 \operatorname{tg}\alpha = 5{,}074 \text{ m} \\
h_2 = h\sigma^2 = 7{,}570 \cdot 0{,}7807 = 5{,}909 \text{ m}, & l_2 = l_1 - 2h_2 \operatorname{tg}\alpha = 4{,}483 \text{ m} \\
h_3 = h\sigma^3 = 7{,}570 \cdot 0{,}6897 = 5{,}221 \text{ m}, & l_3 = l_2 - 2h_3 \operatorname{tg}\alpha = 3{,}961 \text{ m} \\
h_4 = h\sigma^4 = 7{,}570 \cdot 0{,}6094 = 4{,}613 \text{ m}, & l_4 = l_3 - 2h_4 \operatorname{tg}\alpha = 3{,}500 \text{ m}
\end{array}$$

$$\varphi = \frac{h}{l} = \frac{7{,}570}{5{,}743} = 1{,}318.$$

Ferner seien gegeben die Querschnittstärke des Bockes an der Einspannstelle mit 1,40 m, an der obersten Rahmenecke mit 0,80 m; die Querschnittsabnahme um 60 cm entspricht einer Querschnittverschwächung von 2 %.

Daher ist die Querschnittstärke des Ständers in der Mitte des nullten Faches
$d_0 = 1{,}400 - 0{,}076 = 1{,}324$ m, ebenso in der Mitte des 2. Faches
$d_2 = 1{,}400 - 0{,}337 = 1{,}063$ m, „ „ „ „ des 4. Faches
$d_4 = 0{,}800 + 0{,}046 = 0{,}846$ m.

Die Trägheitsmomente kann man proportional setzen den 3. Potenzen der Querschnittstärken; daher ist

$$\frac{J_{a2}}{J_{ao}} = \frac{d_2^3}{d^3} = \frac{1{,}203}{2{,}326} = 0{,}518 \sim 0{,}50$$

$$\frac{J_{a4}}{J_{ao}} = \frac{d_4^3}{d_0^3} = \frac{0{,}604}{2{,}326} = 0{,}259 \sim 0{,}25.$$

Das Verhältnis der Trägheitsmomente in Ständer und Riegel desselben Faches soll gleich 1 gesetzt werden; damit wird

$$\psi = \frac{\overline{\gamma_0}}{\overline{\lambda_0}} = \frac{h_0}{J_{ao}} \cdot \frac{J_{co}}{l_o} = \frac{h_0}{l_0} = \varphi = 1{,}318.$$

Die gegebenen Größen λ_ν, die zum Unterschiede mit den für die Anwendung der Formeln erforderlichen mit $\overline{\lambda_\nu}$ bezeichnet werden sollen, ergeben sich nun mit

$$\frac{\overline{\lambda_0}}{\overline{\lambda_2}} = 0{,}6405, \quad \frac{\overline{\lambda_4}}{\overline{\lambda_2}} = 1{,}5615$$

ein Nährerungswert für $\varkappa_0$ folglich

$$\varkappa_0 = \sqrt[4]{\frac{\overline{\lambda_4}}{\overline{\lambda_0}}} = \sqrt[4]{\frac{1{,}5615}{0{,}6405}} = 1{,}2495.$$

Die Verbesserung $\dfrac{f(\varkappa_0)}{f'(\varkappa_0)}$ ist mit Hilfe der Beziehung (15) zu bestimmen

$$f(\varkappa_0) = \varkappa_0^8 + \left(2\frac{\overline{\lambda_0}}{\overline{\lambda_2}} - \frac{\overline{\lambda_4}}{\overline{\lambda_2}}\right)\varkappa_0^6 - \left(2\frac{\overline{\lambda_4}}{\overline{\lambda_2}} - \frac{\overline{\lambda_0}}{\overline{\lambda_2}}\right)\varkappa_0^2 - 1 =$$

$$= \varkappa_0^8 - 0{,}2805\,\varkappa_0^6 - 2{,}4825\,\varkappa_0^2 - 1 = 0{,}0009.$$

Da $f(\varkappa_0)$ nur 0,0009 beträgt, der numerische Wert von $f'(\varkappa_0) > 1$ ist, kann $\varkappa_0$ mit dem genauen Wert $\varkappa$ identifiziert werden; dies rührt davon her, daß bei

Annahme von $\frac{J_{c2}}{J_{c0}} = 0{,}50$ und $\frac{J_{c4}}{J_{\sigma 0}} = 0{,}25$ die Verhältniszahlen 1, $\frac{1}{2}$, $\frac{1}{4}$ Glieder einer geometrischen Reihe sind. Berücksichtigt man die Werte, die sich tatsächlich ergaben,

$$\frac{J_{c2}}{J_{c0}} = 0{,}52, \quad \frac{J_{c4}}{J_{c0}} = 0{,}26,$$

so erhält man

$$f(\varkappa_0) = \varkappa_0^8 - 0{,}230\,\varkappa_0^6 - 2{,}954\,\varkappa_0^2 - 1 = 0{,}226$$

$$f'(\varkappa_0) = \varkappa_0(8\,\varkappa_0^6 - 1{,}380\,\varkappa_0^4 - 5{,}908) = 20{,}161$$

die Verbesserung ergibt sich daher mit $\frac{f(\varkappa_0)}{f'(\varkappa_0)} = 0{,}0112$ und der genaue Wert

$$\varkappa = \varkappa_0 - \frac{f(\varkappa_0)}{f'(\varkappa_0)} = 1{,}238$$

und schließlich

$$A_1 = \frac{\overline{\lambda_0}}{1 + \varkappa^4 + \varkappa^8}\left(1 + \frac{\overline{\lambda_2}}{\overline{\lambda_0}}\varkappa^2 + \frac{\overline{\lambda_4}}{\overline{\lambda_0}}\varkappa^4\right) = \overline{\lambda_0} \cdot 0{,}993.$$

Für diesen Fall sollen die gegebenen $\overline{\lambda_\nu}$ und die für die Rechnung erforderlichen λ_ν einander gegenübergestellt werden, um die geringen Abweichungen zu zeigen; dabei wird $\overline{\lambda_\nu} = 1$ gesetzt:

	gegebene $\overline{\lambda_\nu}$	rechnerisch erforderliche λ_ν
$\nu = 0$	1,000	0,993
$\nu = 2$	1,501	1,522
$\nu = 4$	2,345	2,333

Für die weitere Rechnung soll jedoch $\varkappa$ mit dem ursprünglichen Werte $\varkappa_0 = 1{,}250$ benutzt werden; eine solche Anpassung an rechnerische Forderungen wird praktisch immer zulässig sein, da bei der Berechnung eines derartigen statisch unbestimmten Tragwerkes die tatsächlichen Trägheitsmomente nicht vorliegen und deren Abschätzung sich mindestens in ebenso großen Fehlergrenzen bewegen wird.

Zu 1. Das spezifische Gewicht des Baustoffes betrage 2400 kg/m³; dann wird

$$g_0 = 0{,}80 \cdot 1{,}324 \cdot 2{,}400 = 2{,}52 \text{ ton/m}$$

$$g_4 = 0{,}80 \cdot 0{,}846 \cdot 2{,}400 = 1{,}62 \text{ „ „}$$

$$\varepsilon = \sqrt[8]{\frac{g_4}{g_0}} = \sqrt[8]{\frac{1{,}62}{2{,}52}} = 0{,}944.$$

Ferner ergibt sich

$$m = \frac{0{,}9395}{0{,}6897} = 1{,}3601, \quad m_1 = \frac{0{,}0659}{0{,}8835} = 0{,}0747$$

und

$$c = \frac{m_1}{m} = \frac{0.0747}{1{,}3601} = 0{,}0548$$

$$1 - 6c = 0{,}671, \qquad 2 + \varepsilon^2\sigma^2\varkappa = 2{,}870.$$

Damit wird

$$a = \frac{1}{12} g_0 l^2 m (1 - 6c)(2 + \varepsilon^2\sigma^2\varkappa) = 18{,}614$$

$$B_0 = \frac{1}{12} g_0 l^2 m (1 - 6c) \qquad = \quad 6{,}332$$

$$2 + \psi \sec\alpha = 3{,}320, \qquad k = 2 + \varkappa(2 + \psi \sec\alpha) = \quad 6{,}150.$$

Schließlich lautet die Differenzengleichung der X_ν für das vorliegende Beispiel

$$\begin{aligned} 3{,}320\,X_0 + \quad X_1 &= 6{,}332 \\ X_0 + 6{,}150\,X_1 + 1{,}250\,X_2 &= 18{,}614\,(\varepsilon\sigma)^0 \\ X_1 + \ldots\ldots &= 18{,}614\,(\varepsilon\sigma)^2 \\ \ldots\ldots &\quad \ldots\ldots \\ X_3 + 6{,}150\,X_4 &= 18{,}614\,(\varepsilon\sigma)^6 \end{aligned}$$

und daher die zugehörige „charakteristische Gleichung"

$$1 + 6{,}150\,r + 1{,}250\,r^2 = 0$$

daraus ist $r_1 = 0{,}172, \quad r_2 = 4{,}749$

ν	1	2	3	4	5
$\nu \log r_1$	0,23045 — 1	0,46090 — 2	0,69135 — 3	0,92180 — 4	0,15225 — 4
$\nu \log r_2$	0,67669	1,35338	2,03007	2,70676	3,38345

Weiter ist $\bar{a} = \dfrac{a}{(\varepsilon\sigma)^{-2} + k + \varkappa(\varepsilon\sigma)^2} = \dfrac{18{,}614}{8{,}457} = 2{,}201$

$$\varepsilon\sigma = 0{,}834, \qquad \bar{a}\,(\varepsilon\sigma)^{-2} = 3{,}168, \qquad \bar{a}\,(\varepsilon\sigma)^8 = 0{,}518.$$

Nun ergibt sich

$$X_1 = 2{,}201 - (X_0 - 3{,}168)\cdot 0{,}172 - 0{,}518\cdot 0{,}002$$

und aus der abweichend gebauten Gleichung des Systems der X_ν für $\nu = 0$

$$X_1 = 6{,}332 - 3{,}320\,X_0.$$

Die beiden Gleichungen für X_1 liefern eine Gleichung für X_0, aus der sich $X_0 = \dfrac{3{,}593}{3{,}150} = 1{,}139$ tm ergibt.

Nun ist

$$\begin{aligned} X_1 &= 6{,}332 - 3{,}788 = 2{,}544 \text{ tm} \\ X_2 &= \bar{a}\,(\varepsilon\sigma)^2 + \left[X_0 - \bar{a}\,(\varepsilon\sigma)^{-2}\right] r_1^2 + \bar{a}\,(\varepsilon\sigma)^8\cdot\frac{1}{r_2^3} \\ &= 1{,}530 - 1{,}929\cdot 0{,}029 + 0{,}518\cdot 0{,}0093 = 1{,}479 \text{ tm} \\ X_3 &= 1{,}064 + 1{,}929\cdot 0{,}005 - 0{,}518\cdot 0{,}044 = 1{,}050 \text{ tm} \\ X_4 &= 0{,}743 \qquad + 0{,}518\cdot 0{,}218 = 0{,}856 \text{ tm.} \end{aligned}$$

Zur Kontrolle wird man immer die Bedingung benützen, daß die berechneten X_ν die Differenzengleichung befriedigen müssen; z. B. für $\nu = 1$ muß sich ergeben

$$\underbrace{1{,}139 + 6{,}150\cdot 2{,}544 + 1{,}250\cdot 1{,}479}_{18{,}615} = 18{,}614$$

Die weitere Berechnung des Momentenverlaufes bietet nichts Interessantes mehr; nach den angegebenen Formeln sind die Y_ν, $\mathfrak{M}^o_{a\nu}$, $\overline{X}_\nu$ usw. durch Einsetzen der besonderen Zahlenwerte zu bestimmen. Die Ergebnisse der durchgeführten Rechnung sind in der folgenden Tabelle und dem Momentenbild für Eigengewicht in Abb. 10 eingetragen:

ν	X_ν	Y_ν	$\mathfrak{M}^o_{a\nu}$	$\overline{X}_\nu$	$M^a_{c\nu}$	$\mathfrak{M}^m_{c\nu}$	$M^m_{c\nu}$
0	1,139	6,524	2,908	— 2,477	— 5,021	13,292	+ 5,363
1	2,544	6,870	2,024	— 2,302	— 3,781	9,258	+ 3,453
2	1,479	4,338	1,408	— 1,451	— 2,501	6,435	+ 2,526
3	1,050	3,021	0,982	— 0,989	— 1,845	4,478	+ 1,651
4	0,856	2,572	0,685	— 1,031	— 1,031	3,126	+ 1,410

Hat man den Momentenverlauf im Tragwerk berechnet, wird es sich zum Zwecke der Erkennung von Rechenfehlern, die sonst bei derartig hochgradig statisch unbestimmten Systemen nicht ins Auge fallen, immer empfehlen, Rechen-

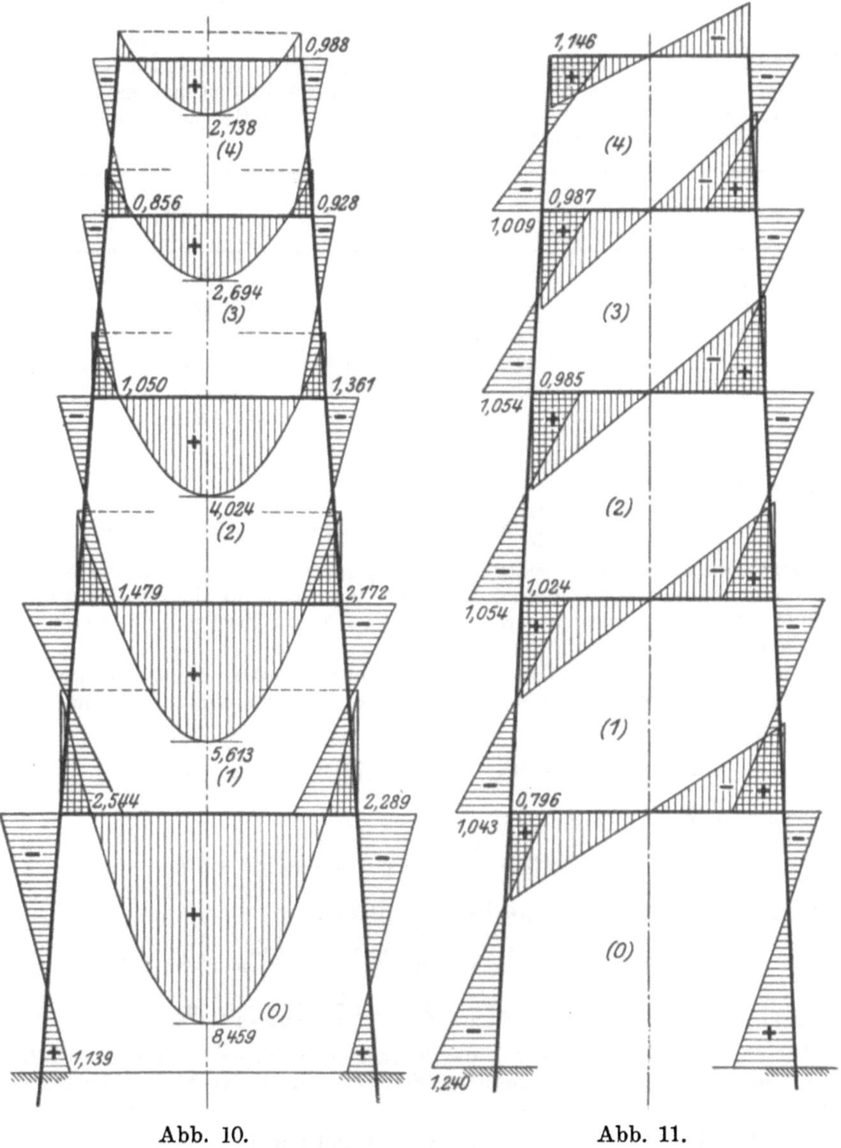

Abb. 10. Abb. 11.

proben durchzuführen, die aus dem Satze über die reduzierte Formänderungsarbeit bei statisch unbestimmtem Systemen hervorgehen. Eine solche Rechenprobe wird um so wertvoller sein, je größer der Teil des Tragwerkes ist, über den sie sich erstreckt. Der Ansatz für die ausgedehnteste Rechenprobe lautet folgendermaßen:

$$\sum_{0}^{n-1} X_\nu \gamma_\nu + \sum_{0}^{n-1} \overline{X}_\nu \gamma_\nu + M_{c\,n-1}\,\lambda_{n-1} + \frac{2}{3}\left(\mathfrak{M}^m_{c\,n-1} - \mathfrak{M}^o_{a\,n-1}\right)\lambda_{n-1} = 0.$$

Diese Gleichung sagt nichts anderes aus, als daß die Verdrehung des untersten Ständers an der Einspannstelle gleich Null sein muß; als statisch bestimmtes Grundsystem wurde dabei der Umfangsrahmen gewählt, den man erhält, wenn man alle Zwischenriegel durchschneidet. Für das obige Beispiel ist die Rechenprobe in der folgenden Tabelle zusammengestellt.

ν	γ_ν	γ_ν	λ_ν	$\overline{X}_\nu + X_\nu$	$(\overline{X}_\nu + X_\nu)\gamma_\nu$	$M^a_{c\,\nu}\,\lambda_\nu$
0	ψ	1,318	1,000	— 1,338	— 1,766	— 5,021
1	$\psi\,\varkappa$	1,649	1,250	+ 0,242	+ 0,399	— 4,728
2	$\psi\,\varkappa^2$	2,064	1,563	+ 0,028	+ 0,058	— 3,912
3	$\psi\,\varkappa^3$	2,580	1,954	+ 0,061	+ 0,118	— 3,654
4	$\psi\,\varkappa^4$	3,232	2,448	— 0,175	— 0,566	— 2,560
Σ					— 1,757	

Nun ist

$$-1{,}757 - 2{,}560 + \frac{2}{3}(3{,}126 - 0{,}685)\cdot 2{,}448 = -4{,}317 + 4{,}083.$$

Der vorhandene Rechenfehler von $3\,{}^1/_2\,{}^0/_0$ rührt davon her, daß die X_ν dadurch um einen geringen Betrag zu klein sind, weil für den $\mathfrak{M}$-Verlauf im Ständer nicht die Parabel sondern die Tangente an die Parabel in die Rechnung eingeführt wurde.

Mit Rücksicht auf denselben Satz ist ersichtlich, daß der Momentenausgleich in jedem geschlossenen Fache erfüllt sein muß. Für das nullte Fach muß sich daher ergeben:

$$\left(X_o + \overline{X}_o\right)\gamma_o + M^a_{c\,o}\,\lambda_o + \frac{2}{3}\left(\mathfrak{M}^m_{c\,o} - \mathfrak{M}^o_{a\,o}\right)\lambda_o = 0.$$

Daher für das obige Beispiel

$$-1{,}766 - 5{,}021 + \frac{2}{3}\cdot 10{,}384\cdot 1 = -6{,}787 + 6{,}933.$$

Ebenso muß für das (n—1)te Fach erfüllt sein

$$\left(X_{n-1} + \overline{X}_{n-1}\right)\gamma_{n-1} + M^a_{c\,n-1}\,\lambda_{n-1} + \frac{2}{3}\left(\mathfrak{M}^m_{c\,n-1} - \mathfrak{M}^o_{a\,n-1}\right)\lambda_{n-1} -$$
$$- M^a_{c\,n-2}\,\lambda_{n-2} - \frac{2}{3}\left(\mathfrak{M}^m_{c\,n-2} - \mathfrak{M}^o_{a\,n-2}\right)\lambda_{n-2} = 0.$$

Die Momente des Riegels, der das betrachtete Fach nach unten abschließt, müssen natürlich mit entgegengesetzten Vorzeichen in die Kontrollrechnung eingesetzt werden.

Für das obige Beispiel ist (n—1) gleich 4 und nun ist

$$-0{,}566 - 2{,}560 + 4{,}083 + 3{,}654 - 4{,}488 = +7{,}737 - 7{,}614.$$

Zu 2. An der obersten Ecke desselben Rahmenbockes greife die Kraft W = 1 in horizontaler Richtung an.

Es st

$$\sigma^2 + 8\,p^2\,\psi \sec\alpha = 0{,}781 + 8 \cdot 0{,}0034 \cdot 1{,}320 = 0{,}817$$

$$1 + \varkappa = 1 + 1{,}250 = 2{,}250, \quad 6\,\varkappa\,\sigma\,\psi \sec\alpha = 6 \cdot 1{,}320 \cdot 1{,}250 \cdot 0{,}884 = 8{,}762$$

$$\sigma^2 - 2\,p\,\psi \sec\alpha\,(1 + 2\,\sigma) = 0{,}781 - 0{,}116 \cdot 1{,}320 \cdot 2{,}768 = 0{,}357$$

$$\sigma - 4\,p\,\psi \sec\alpha = 0{,}884 - 0{,}334 = 0{,}550, \quad -1 + \varkappa\,\sigma = -1 + 1{,}105 = 0{,}105$$

$$a = 7{,}570 \cdot \frac{4{,}381 + 0{,}058}{0{,}357} = 93{,}982.$$

Damit lautet die Differenzengleichung der D_ν'

$$\begin{aligned}
-21{,}972\,D_0' + \quad D_1' &= 84{,}514 \\
D_0' - 29{,}768\,D_1' + 1{,}250\,D_2' &= 93{,}982 \cdot \sigma \\
D_1' - \;.\;.\;.\;. \quad &= 93{,}982 \cdot \sigma^2 \\
.\;.\;.\;.\;.\;.\;. \quad &\;\; .\;.\;.\;.\;. \\
D_3' - 29{,}768\,D_4' \quad &= 93{,}982 \cdot \sigma^4
\end{aligned}$$

und die „zugehörige charakteristische“ Gleichung

$$1 - 29{,}768\,r + 1{,}25\,r^2 = 0,$$

daraus ist

$$r_1 = +\,0{,}034, \quad r_2 = 23{,}790$$

$$r_1 = 0{,}034, \quad r_1^2 = 0{,}001, \quad r_1^3 \doteq 0$$

$$\frac{1}{r_2} = 0{,}042, \quad \frac{1}{r_2^2} = 0{,}002, \quad \frac{1}{r_2^3} \doteq 0$$

Weiter berechnet sich

$$\bar{a} = -\frac{93{,}982}{-1{,}128 + 29{,}768 - 1{,}105} = -\frac{93.982}{27{,}535} = -3{,}408$$

$$\bar{a}\,\sigma^n = -3{,}408 \cdot 0{,}538 = -1{,}837$$

$$D_1' = \bar{a}\,\sigma - (D_0' + 3{,}408) \cdot 0{,}034.$$

D_1' ergibt sich aus der nullten Gleichung obigen Systems mit

$$D_1' = 84{,}514 + 21{,}972\,D_0'.$$

Aus diesen beiden Beziehungen bestimmt sich

$$D_0' = -\frac{87{,}642}{22{,}006} = -3{,}982 \text{ tm}$$

$$\begin{aligned}
D_1' &= -3{,}012 & &+ 0{,}578 \cdot 0{,}034 = -2{,}992 \text{ tm} \\
D_2' &= -3{,}408 \cdot 0{,}781 & &+ 0{,}578 \cdot 0{,}001 = -2{,}660 \text{ tm} \\
D_3' &= -3{,}408 \cdot 0{,}690 & &+ 1{,}837 \cdot 0{,}002 = -2{,}349 \text{ tm} \\
D_4' &= -3{,}408 \cdot 0{,}609 & &+ 1{,}837 \cdot 0{,}042 = -2{,}002 \text{ tm.}
\end{aligned}$$

Zur Kontrolle der berechneten D_ν' ist z. B.:

$$\underbrace{-2{,}992 + 29{,}768 \cdot 2{,}660 - 1{,}25 \cdot 2{,}349}_{73{,}324} = \underbrace{93{,}982 \cdot 0{,}781}_{73{,}314}$$

Um die Differenzengleichung der D_ν'' zahlenmäßig anschreiben zu können, hat man zu berechnen

$$\sigma - \sigma^5 = 0{,}884 - 0{,}538 = 0{,}346$$

$$a = -7{,}570 \cdot \frac{0{,}550 \cdot 0{,}150 + 4{,}381}{0{,}357} = -94{,}236$$

$$b = +\,7{,}570 \cdot 0{,}538 \cdot \frac{0{,}550 \cdot 0{,}250 + 4{,}950}{0{,}357} = 58{,}183$$

$$B_0 = -7{,}570 \cdot 0{,}346 \cdot \frac{4.510}{0{,}357} = -32{,}134$$

und es lautet dieselbe

$$
\begin{aligned}
-21{,}972\,D_0'' + \quad D_1'' &= -32{,}134 \\
D_0'' - 29{,}768\,D_1'' + 1{,}25\,D_2'' &= -94{,}236\,\sigma + 58{,}183 \\
D_1'' - \ldots\ldots &= -93{,}982\,\sigma^2 + 58{,}183 \\
\ldots\ldots & \ldots \\
D_3'' - 29{,}768\,D_4'' &= -94{,}236\,\sigma^4 + 58{,}183.
\end{aligned}
$$

Ferner ist

$$\bar{b} = \frac{58{,}183}{1 - 29{,}768 + 1{,}25} = -2{,}112, \quad \bar{a} = \frac{94{,}236}{27{,}535} = 3{,}418$$

$$D_1'' = 3{,}418 \cdot 0{,}884 - 2{,}112 + (D_0'' - 3{,}418 + 2{,}112)\,0{,}034.$$

Aus der nullten Gleichung des Systems bekommt man

$$D_1'' = -32{,}134 + 21{,}972\,D_0''$$

daraus ist

$$D_0'' = +\frac{32{,}990}{21{,}938} = +1{,}502 \text{ tm}$$

und

$$
\begin{aligned}
D_1'' &= 0{,}900 + 0{,}196 \cdot 0{,}034 = +0{,}907 \text{ tm} \\
D_2'' &= +3{,}418 \cdot 0{,}781 - 2{,}112 + 0{,}196 \cdot 0{,}001 = +0{,}552 \text{ tm} \\
(D_0'' - \bar{a} - \bar{b}) &= 1{,}502 - 3{,}418 + 2{,}112 = \quad 0{,}196 \\
\bar{a}\,\sigma^5 + \bar{b} &= 3{,}418 \cdot 0{,}538 - 2{,}112 = -0{,}273 \\
D_3'' &= 3{,}418 \cdot 0{,}690 - 2{,}112 + 0{,}273 \cdot 0{,}002 = \quad 0{,}246 \text{ tm} \\
D_4'' &= 3{,}418 \cdot 0{,}609 - 2{,}112 + 0{,}273 \cdot 0{,}042 = -0{,}016 \text{ tm}
\end{aligned}
$$

Zur Kontrolle ist z. B.

$$\underbrace{0{,}552 - 29{,}768 \cdot 0{,}246 - 0{,}016 \cdot 1.25}_{6{,}642} = \underbrace{-94{,}236 \cdot 0{,}690 + 58{,}183}_{6{,}780}$$

Die weitere Berechnung des Momentenverlaufes ist in der folgenden Tabelle und dem beigefügten Momentenbild der Abb. 11 zusammengestellt:

ν	D_ν'	D_ν''	D_ν	$X_{a\nu}$	Y_ν	$\mathfrak{M}^0_{a\nu}$	$\overline{X}_{a\nu}$
0	— 3,982	+ 1,502	— 2,480	— 1,240	3,785	5,821	0,796
1	— 2,992	+ 0,907	— 2,085	— 1,043	3,344	5,411	1,024
2	— 2,660	+ 0,552	— 2,108	— 1,054	2,954	4,993	0,985
3	— 2,349	+ 0,246	— 2,103	— 1,054	2,611	4,652	0,987
4	— 2,002	— 0,016	— 2,018	— 1,009	2,307	4,346	1,146

Zu 3. Am obersten Rahmenfache greife das Moment M = 10 tm an, das zur Hälfte auf die linke, zur Hälfte auf die rechte Ecke aufgeteilt werden soll. Es ist

$$
\begin{aligned}
B_0 &= -2 \cdot 0{,}058 \cdot 10{,}0 \cdot 12{,}612 = -14{,}630 \\
b &= 1{,}160 \cdot \frac{-0{,}138 - 4{,}950}{0{,}357} = -16{,}542 \\
B_{n-1} &= \frac{1{,}160}{0{,}357} \cdot (0{,}884 \cdot 10{,}548 - 0{,}084 - 4{,}950) = 13{,}976.
\end{aligned}
$$

Daher lautet die Differenzengleichung der D_ν

$$
\begin{aligned}
-21{,}972\,D_0 + D_1 &= -14{,}630 \\
D_0 - 29{,}768\,D_1 + 1{,}25\,D_2 &= -16{,}542 \\
&\vdots \\
D_2 - 29{,}768\,D_3 + 1{,}25\,D_4 &= -16{,}542 \\
D_3 - 29{,}768\,D_4 &= +13{,}976
\end{aligned}
$$

und ihre Lösung mit den zunächst unbekannten Randwerten D_0 und D_4

$$D_\nu = \overline{b} + (D_0 - \overline{b})\, r_1{}^\nu + (D_4 - \overline{b}) \cdot \frac{1}{r_2{}^{n-\nu-1}}$$

folglich ist

$$\overline{b} = \frac{16{,}542}{27{,}518} = +\,0{,}602$$

$$D_1 = 0{,}602 + (D_0 - 0{,}602)\, r_1 + (D_4 - 0{,}602) \cdot \frac{1}{r_2{}^3} = -\,14{,}630 + 21{,}972\, D_0.$$

Da der Beitrag von D_4 außerhalb der üblichen Genauigkeit ist, ergibt sich daraus mit Hilfe der nullten Gleichung des Systems der D_ν

$$D_0 = \frac{15{,}212}{21{,}938} = +\,0{,}694 \text{ tm}$$

$$D_1 = 0{,}602 + 0{,}092 \cdot 0{,}034 = +\,0{,}605 \text{ tm}$$

ebenso ist

$$D_3 = 0{,}602 + (D_4 - 0{,}602) \cdot 0{,}042 = 13{,}976 + 29{,}768\, D_4$$

ohne Rücksichtnahme auf den verschwindend kleinen Beitrag von D_0; daraus berechnet sich

$$D_4 = -\,\frac{13{,}399}{29{,}726} = -\,0{,}498 \text{ tm}$$

$$D_3 = 0{,}602 - 1{,}100 \cdot 0{,}042 = +\,0{,}556 \text{ tm}$$

schließlich ist

$$D_2 = 0{,}602 \text{ tm}.$$

Die Ergebnisse der weiteren Rechnung sind in der folgenden Tabelle und in dem Momentenbild der Abb. 12 eingetragen:

ν	D_ν	$X_{a\,\nu}$	$X_{b\,\nu}$	$\mathfrak{M}^o_{a\,\nu}$	$\overline{X}_{a\nu}$	$\overline{X}_{b\nu}$	$M^a_{c\,\nu}$
0	0,694	0,347	− 0,347	− 0,580	− 0,233	0,233	− 0,536
1	0,605	0,303	− 0,303	− 0,580	− 0,252	0,252	− 0,558
2	0,602	0,301	− 0,301	− 0,580	− 0,281	0,281	− 0,561
3	0,556	0,278	− 0,278	− 0,580	− 0,359	0,359	− 0,093
4	− 0,498	− 0,249	+ 0,249	− 0,580	− 0,815	0,815	+ 4,185

Zu 4. Der oberste Riegel ist mit $q = 1$ t/m total belastet. Im $(n-1)$-ten Grundsystem berechnet sich

$$\frac{\Phi_{c\,n-1}}{l_{n-1}} = \frac{q\, l^2}{2}\, \sigma^{2(n-1)} (1 + 6\, \varphi \operatorname{tg} \alpha)$$

$$\frac{\Phi_{a\,n-1}}{h_{n-1}} = \frac{q\, l^2}{4}\, \sigma^{2(n-1)}\, \varphi \operatorname{tg} \alpha$$

$$\frac{\Sigma^u_{a\,n-1}}{h_{n-1}{}^2} = \frac{q\, l^2}{6}\, \sigma^{2(n-1)}\, \varphi \operatorname{tg} \alpha$$

Damit ergibt sich das Belastungsglied B_{n-1}

$$B_{n-1} = -\,\lambda_{n-1} \left(1 - \frac{\alpha_{n-1}}{\beta_{n-1}}\right) \frac{\Phi_{c\,n-1}}{l_{n-1}} - 2\, \gamma_{n-1} \sec \alpha \cdot \frac{\Phi_{a\,n-1}}{h_{n-1}} +$$

$$+\, 2\, \frac{\alpha_{n-1}}{\beta_{n-1}}\, \gamma_{n-1} \sec \alpha \cdot \frac{\Sigma^u_{a\,n-1}}{h_{n-1}{}^2} = A_1\, \varkappa^{n-1} \frac{\psi \sec \alpha}{3 + 2\, \psi \sec \alpha} \cdot \frac{q\, l^2}{12}\, \sigma^{2(n-1)}\, m\, (1 - 6\, c)$$

wenn

$$m = (1 + 6\, \varphi \operatorname{tg} \alpha), \qquad m_1 = \varphi \operatorname{tg} \alpha, \qquad c = \frac{m_1}{m}$$

ist; alle übrigen Belastungsglieder sind gleich Null.

4,185
0,815
(4)
0,359
-0,249
4,185
(3)
0,281
0,278
(2)
0,252
0,301
(1)
0,233
0,303
(0)
0,347
0,575
0,172
0,220
0,036
0,047
(2)
0,008
0,011
(1)
(0)

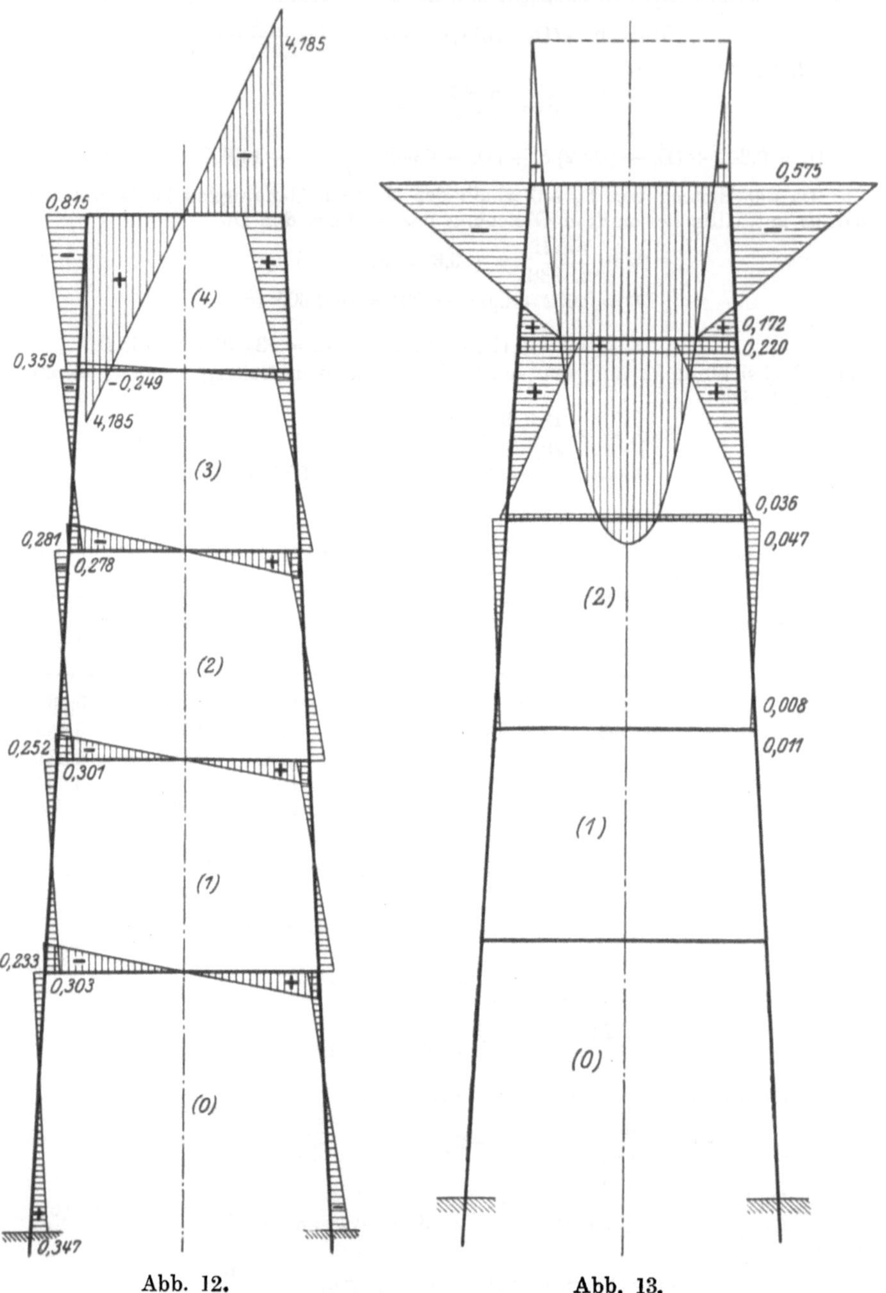

Abb. 12.

Abb. 13.

Für das gewählte Zahlenbeispiel bestimmt sich

$$m = 1{,}396, \qquad m_1 = 0{,}0659, \qquad c = \frac{0{,}066}{1{,}396} = 0{,}047.$$

Damit

$$B_{n-1} = \frac{1}{12} \cdot 5{,}743^2 \cdot 0{,}884^8 \cdot 1{,}396 \cdot 0{,}718 = 1{,}019$$

und es lautet die Differenzengleichung der X_ν

$$3{,}320\, X_0 + \qquad X_1 = 0$$
$$X_0 + 6{,}150\, X_1 + 1{,}250\, X_2 = 0$$
$$\cdots\cdots\cdots\cdots \qquad \cdots$$
$$X_2 + 6{,}150\, X_3 + 1{,}250\, X_4 = 0$$
$$X_3 + 6{,}150\, X_4 \qquad = 1{,}019$$

die allgemeine Lösung derselben mit den zunächst unbekannten Randwerten X_0 und X_4

$$X_\nu = -(-1)^\nu X_0 \frac{r_1{}^\nu r_2{}^{n-1} - r_2{}^\nu r_1{}^{n-1}}{r_1{}^{n-1} - r_2{}^{n-1}} + (-1)^{\nu-(n-1)} X_{n-1} \frac{r_1{}^\nu - r_2{}^\nu}{r_1{}^{n-1} - r_2{}^{n-1}}$$

die gekürzte daher

$$X_\nu = (-1)^\nu X_0 r_1{}^\nu + (-1)^{\nu-(n-1)} X_{n-1} \frac{1}{r_2{}^{n-\nu-1}}$$

Folglich ist

$$X_1 = -X_0 \cdot 0{,}172 - X_4 \cdot 0{,}009 = -3{,}320\, X_0$$
$$X_3 = -X_0 \cdot 0{,}005 - X_4 \cdot 0{,}211 = 1{,}019 - 6{,}150\, X_4$$
$$X_0 = 0$$
$$X_4 = +\frac{1{,}019}{5{,}939} = +0{,}172 \text{ tm}$$
$$X_1 = -0{,}172 \cdot 0{,}009 = -0{,}002 \text{ tm}$$
$$X_3 = -0{,}172 \cdot 0{,}211 = -0{,}036 \text{ tm}$$
$$X_2 = +0{,}172 \cdot 0{,}044 = +0{,}008 \text{ tm}$$

Weiter ist nach (6a)

$$Y_{n-1} = \frac{3}{3 + 2\psi \sec\alpha}\left[\frac{q l^2}{12} \sigma^{2(n-1)} m + 2\psi \sec\alpha \frac{q l^2}{6} \sigma^{2(n-1} m_1 + \right.$$
$$\left. + X_{n-1}(1 + \psi \sec\alpha) + X_n\right] =$$
$$= \frac{3}{3 + 2\psi \sec\alpha}\left[\frac{q l^2}{12} m\, \sigma^{2(n-1)} (1 + 4c\psi \sec\alpha) + X_{n-1}(1 + \psi \sec\alpha)\right]$$

für das Zahlenbeispiel ist

$$Y_{n-1} = 0{,}532\left[\frac{1}{12} \cdot 32{,}982 \cdot 0{,}371 \cdot 1{,}396 \cdot 1{,}248 + 0{,}172 \cdot 2{,}320\right] = 1{,}151 \text{ tm}$$

die übrigen Y_ν berechnen sich ebenso aus der allgemeinen Beziehung (6a), nur verschwindet das Belastungsglied.

$$\mathfrak{M}^0_{a\,n-1} = \frac{q l^2}{2} \sigma^{2(n-1)} \varphi \operatorname{tg} \alpha = 0{,}404 \text{ tm}$$

alle übrigen $\mathfrak{M}^0_a$ sind gleich Null.

Alle erhaltenen Zahlenwerte sind in der folgenden Tabelle und dem Momentenbild der Abb. 13 eingetragen:

ν	X_ν	Y_ν	$\mathfrak{M}^o_{a\nu}$	$\overline{X}_\nu$	$M^a_{c\nu}$	$M^m_{c\nu}$
0	0,000	+ 0,002	0,000	— 0,002	0,000	0,000
1	— 0,002	— 0,013	0,000	+ 0,011	+ 0,003	+ 0,003
2	+ 0,008	+ 0,055	0,000	— 0,047	— 0,011	— 0,011
3	— 0,036	— 0,256	0,000	+ 0,220	+ 0,048	+ 0,048
4	+ 0,172	+ 1,151	0,404	— 0,575	— 0,575	+ 1,019

Zu 5. Der oberste Riegel ist mit q = 1 ton/m links halbbelastet. Für den „zugehörigen antisymmetrischen" Belastungszustand berechnet sich

$$B_0 = \frac{1}{2} \cdot 32{,}982 \cdot 0{,}058 \cdot 0{,}371 \cdot \frac{4{,}510}{0{,}357} = 4{,}478$$

$$B_\nu = 0{,}355\,\frac{4{,}950 + 0{,}138}{0{,}357} = 5{,}068$$

$$\sigma[-16\,p + \varkappa\,(2\sigma + 12\,p - 1)] = 0{,}884 \cdot 0{,}906 = 0{,}802$$

$$24\,p\,\varkappa\,\psi \sec\alpha = 2{,}302, \qquad 32\,p^2\psi \sec\alpha\,(2 - \varkappa) = 0{,}144 \cdot 0{,}75 = 0{,}108$$

$$B_{n-1} = 0{,}382 \cdot \frac{0{,}802 + 2{,}302 + 0{,}108}{0{,}357} = 3{,}438.$$

Daher lautet die Differenzengleichung der D_ν

$$\begin{aligned} -21{,}972\,D_0 + D_1 &= 4{,}478 \\ D_0 - 29{,}768\,D_1 + 1{,}25\,D_2 &= 5{,}068 \\ &\ldots\ldots \\ D_2 - 29{,}768\,D_3 + 1{,}25\,D_4 &= 5{,}068 \\ D_3 - 29{,}768\,D_4 &= 3{,}438. \end{aligned}$$

Weiter ist $\overline{b} = -\dfrac{5{,}068}{27{,}518} = -0{,}184$

$$D_1 = -0{,}184 + (D_0 + 0{,}184)\,0{,}034 = 4{,}478 + 21{,}972\,D_0$$

daraus $D_0 = -\dfrac{4{,}655}{21{,}938} = -0{,}212$ tm

$$D_1 = -0{,}184 - 0{,}028 \cdot 0{,}034 = -0{,}184 \text{ tm}$$

$$D_3 = -0{,}184 + (D_4 + 0{,}184)\,0{,}042 = 3{,}438 + 29{,}768\,D_4$$

$$D_4 = -\frac{3{,}614}{29{,}726} = -0{,}121 \text{ tm}$$

$$D_3 = -0{,}184 + 0{,}063 \cdot 0{,}042 = -0{,}184 \text{ tm}$$

$$D_2 = -0{,}184 \text{ tm}.$$

Zur Kontroll ist z. B.

$$\underbrace{-0{,}212 + 29{,}768 \cdot 0{,}184 - 1{,}250 \cdot 0{,}184}_{5{,}042} = 5{,}068$$

Der „zugehörige symmetrische" Belastungszustand entspricht dem Belastungsfalle unter 4, so daß die S_ν gleich den dort erhaltenen X_ν gesetzt werden können. Die Ergebnisse der weiteren Rechnung sind in der folgenden Tabelle vereinigt:

ν	S_ν	D_ν	$X_{a\nu}$	$X_{b\nu}$	Y_ν	$\overline{X}_{a\nu}$	$\overline{X}_{b\nu}$
0	0,000	— 0,212	— 0,106	+ 0,106	0,001	0,095	— 0,094
1	— 0,002	— 0,184	— 0,093	+ 0,091	— 0,007	0,113	— 0,096
2	+ 0,008	— 0,184	— 0,089	+ 0,096	0,028	0,085	— 0,129
3	— 0,036	— 0,184	— 0,110	+ 0,074	— 0,128	— 0,043	— 0,007
4	+ 0,172	— 0,121	+ 0,028	+ 0,144	+ 0,576	— 0,266	— 0,320

Dritter Abschnitt.

Der Stockwerkrahmen unter Berücksichtigung eines veränderlichen Trägheitsmomentes.

Die Stützweite der einzelnen Fache ist nun konstant, die Veränderlichkeit der Koeffizienten λ_ν und γ_ν beschränkt sich auf die des Trägheitsmomentes. Bei ausgeführten Stockwerkrahmen nimmt das Trägheitsmoment nach oben hin bedeutend ab; dies rührt davon her, daß in den Ständern die Längskräfte nach unten stark anwachsen, die bei Einhaltung der zulässigen Spannungen eine immer stärkere Querschnittbemessung erfordern. Außerdem erzeugt eine horizontale Windbelastung nach unten ungefähr linear anwachsende Biegungsmomente, die ebenfalls eine Verstärkung der Ständer nötig machen. Auch die Abmessungen des Riegelquerschnittes werden sich in der Regel nach oben hin verjüngen; bei Hochbaukonstruktionen tritt der letzte Riegel an die Stelle des Dachbinders; die leichtere Belastung desselben wird auch eine geringere Querschnittsbemessung ermöglichen; außerdem wird die Nutzbelastung so verteilt sein, daß im allgemeinen in den oberen Geschossen eine kleinere, in den unteren Geschossen wegen der Unterbringung von Geschäftsräumen oder der Aufstellung von Maschinen eine größere Nutzlast zu berücksichtigen sein wird; damit ist natürlich auch eine größere Eigengewichtswirkung verbunden.

Bezeichnet man den reziproken Wert des Trägheitsmomentes mit i, so erhält man bei Berücksichtigung von nur 2 gegebenen Größen i

$$\varkappa_0 = \sqrt[n]{\frac{\overline{i}_n}{\overline{i}_o}}.$$

Will man 3 gegebene Werte von $\overline{i}$ berückichtigen, hat man $\varkappa$ aus der Gleichung

$$\varkappa^{4m} + \left(2\frac{\overline{i}_o}{\overline{i}_m} - \frac{\overline{i}_n}{\overline{i}_m}\right)\varkappa^{3m} - \left(2\frac{\overline{i}_n}{\overline{i}_m} - \frac{\overline{i}_o}{\overline{i}_m}\right)\varkappa^{m} - 1 = 0 \quad . \qquad (35)$$

zu bestimmen, wenn n eine gerade Zahl ist; ist n ungerade, dann lautet die Bestimmungsgleichung für $\varkappa$ ähnlich wie Gleichung (15a)

$$(\sqrt{\varkappa})^{4n} + \left(2\frac{\overline{i}_o}{\overline{i}_m} - \frac{\overline{i}_n}{\overline{i}_m}\right)(\sqrt{\varkappa})^{3n} - \left(2\frac{\overline{i}_n}{\overline{i}_m} - \frac{\overline{i}_o}{\overline{i}_m}\right)(\sqrt{\varkappa})^{n} - 1 = 0 \qquad (35\,a)$$

A berechnet sich mit

$$A = \frac{\overline{i}_o + \overline{i}_m \varkappa^m + \overline{i}_n \varkappa^n}{1 + \varkappa^{2m} + \varkappa^{2n}}$$

und ψ wird unter denselben Voraussetzungen wie früher

$$\psi = \frac{\overline{\gamma_0}}{\overline{\lambda_0}}.$$

Was die Lösung der Gleichung (35) anbetrifft, gilt dasselbe, was darüber im zweiten Abschnitte gesagt wurde.

In bezug auf die Berechnung der Koeffizienten der Unbekannten und der Belastungsglieder braucht nur berücksichtigt zu werden, daß für den Stockwerkrahmen mit lotrechten Ständern $\sigma = 1$, $\sec\alpha = 1$ und $\operatorname{tg}\alpha = 0$ wird. Damit ergeben sich die Differenzengleichungen für die speziellen Belastungszustände.

1. Eigengewicht.

Der mittlere Koeffizient der Differenzengleichung der X_ν wird für $\sec\alpha = 1$

$$2 + \varkappa(2 + \psi)$$

das Belastungsglied B_ν ergibt sich nun, da $m = 1$, $m_1 = 0$, $c = 0$ ist, mit

$$B_\nu = \frac{1}{12} g_0 l^2 (2 + \varepsilon^2 \varkappa)\, \varepsilon^{2(\nu-1)}.$$

Infolgedessen lautet die Differenzengleichung der X_ν

$$\left.\begin{aligned}
(2+\psi)\, X_0 + X_1 &= \frac{1}{12} g_0 l^2 \\
X_0 + [2 + \varkappa(2+\psi)]\, X_1 + \varkappa X_2 &= \frac{1}{12} g_0 l^2 (2 + \varepsilon^2 \varkappa) \\
X_{\nu-1} + [2 + \varkappa(2+\psi)]\, X_\nu + \varkappa X_{\nu+1} &= \frac{1}{12} g_0 l^2 (2 + \varepsilon^2 \varkappa) \cdot \varepsilon^{2(\nu-1)}
\end{aligned}\right\} \quad (36)$$

und die „zugehörige charakteristische" Gleichung daher

$$1 + [2 + \varkappa(2+\psi)]\, r + \varkappa r^2 = 0.$$

Da die nullte Gleichung des Systems abweichend gebaut ist, muß die Lösung mit den zunächst unbekannten Randwerten X_0 und X_n berechnet werden, die durch die Stützenbedingungen des Stockwerkrahmens bestimmt sind.

Die Lösung der Differenzengleichung ergibt sich entsprechend (21) mit

$$X_\nu = \bar{a}\, \varepsilon^{2(\nu-1)} - (-1)^\nu [X_0 - \bar{a}\, \varepsilon^{-2}] \cdot \frac{r_1^\nu r_2^n - r_2^\nu r_1^n}{r_1^n - r_2^n} -$$

$$- (-1)^{\nu-n}\, \bar{a}\, \varepsilon^{2(n-1)} \frac{r_1^\nu - r_2^\nu}{r_1^n - r_2^n} \quad \ldots\ldots \quad (37)$$

wenn wie früher

$$\bar{a} = \frac{a}{\varepsilon^{-2} + k_1 + \varkappa \varepsilon^2}.$$

Es wird jedoch in keinem praktisch vorkommenden Falle mit dieser etwas umfangreichen Formel zu rechnen sein, da der mittlere Koeffizient in der Differenzengleichung stets stark überwiegt; infolgedessen wird r_1 klein und r_1^n fällt bei einer größeren Anzahl Fache aus dem Bereich der üblichen Genauigkeit. Aber auch die Quotienten $\frac{r_1^n}{r_2^{n-\nu}}$ und $\frac{r_1^\nu}{r_2^n}$ können in den meisten Fällen gestrichen werden, so daß sich mit Berücksichtigung der erwähnten Größenverhältnisse die gekürzte Lösung ähnlich wie (21 a) mit

$$X_\nu = \bar{a}\,\varepsilon^{2(\nu-1)} + (-1)^\nu\,[X_0 - \bar{a}\,\varepsilon^{-2}]\,r_1^\nu - (-1)^{\nu-n}\,\bar{a}\,\varepsilon^{2(n-1)}\frac{1}{r_2^{n-\nu}} \qquad (37\,a)$$

ergibt. Die Berechnung der Y_ν gestaltet sich entsprechend Gleichung (22). Es ist

$$Y_\nu = \frac{3}{3+2\psi}\left[\frac{1}{12}g_0\,l^2\,\varepsilon^{2\nu} + X_\nu\,(1+\psi) - X_{\nu+1}\right]$$

Das Ständerkopfmoment bestimmt sich nach (23) mit

$$\overline{X}_\nu = -Y_\nu + X_\nu$$

da $\mathfrak{M}^0_{a\nu} = 0$ gesetzt werden muß.

Damit kann der Momentenverlauf im Tragwerk als berechnet angenommen werden.

2. Maximale und minimale Momente.

Beschränkt man die Berechnung eines extremen Momentes auf den Fall, daß die Riegel immer nur total mit Nutzlast p/m belastet werden können, so lassen sich leicht Regeln angeben, wie zu belasten ist, um ein beliebiges Ständerfuß- oder Ständerkopfmoment zu einem Extrem zu machen. Darauf soll aber erst im IV. Abschnitte eingegangen werden; an dieser Stelle soll nur gezeigt werden, wie sich die Berechnung des Momentenverlaufs gestaltet, wenn abwechselnd jedes 2. Fach mit Nutzlast p/m belastet erscheint, ein Belastungsfall, der sich bei der Berechnung extremer Momente, kombiniert mit einem solchen, bei dem nur ein Riegel belastet ist, alle anderen unbelastet sind. Übrigens liefert dieser Belastungsfall extreme Riegeleckmomente.

Es sei $\Phi_{c\,0} = \Phi_{c\,2} = \Phi_{c\,4} = \ldots\ldots = \frac{1}{12}p\,l^2$

$$\Phi_{c\,1} = \Phi_{c\,3} = \Phi_{c\,5} = \ldots\ldots = 0$$

dann lautet die zugehörige Differenzengleichung

$$\left.\begin{aligned}
(2+\psi)\;X_0 + X_1 &= +\frac{1}{12}p\,l^2\\
X_0 + [2+\varkappa(2+\psi)]\,X_1 + \varkappa X_2 &= \frac{1}{6}p\,l^2\\
X_1 + [2+\varkappa(2+\psi)]\,X_2 + \varkappa X_3 &= +\varkappa\cdot\frac{1}{12}p\,l^2\\
X_2 + [2+\varkappa(2+\psi)]\,X_3 + \varkappa X_4 &= \frac{1}{6}p\,l^2\\
X_3 + [2+\varkappa(2+\psi)]\,X_4 + \varkappa X_5 &= +\varkappa\cdot\frac{1}{12}p\,l^2
\end{aligned}\right\} \qquad (38)$$

Bezeichnet man $\frac{1}{6} p l^2 = a$ und $\frac{1}{12} \varkappa p l^2 = b$, so kann man obige Differenzengleichung allgemein anschreiben

$$X_{\nu-1} + k_1 X_\nu + \varkappa X_{\nu+1} = a \frac{1 + (-1)^{\nu-1}}{2} + b \frac{1 + (-1)^\nu}{2}$$

dieses Schema läßt sich vereinfachen auf

$$X_{\nu-1} + k_1 X_\nu + \varkappa X_{\nu+1} = a' - b' (-1)^\nu$$

wobei

$$a' = \frac{1}{24} p l^2 [2 + \varkappa], \; b' = \frac{1}{24} p l^2 [2 - \varkappa].$$

Für eine partikuläre Lösung macht man einen dem Belastungsglied analogen Ansatz

$$\xi_\nu = \bar{a} - \bar{b} (-1)^\nu .$$

Durch Koeffizientenvergleichung ergibt sich

$$\bar{a} = \frac{1}{24} p l^2 \frac{2 + \varkappa}{3 + \varkappa (3 + \psi)}, \quad \bar{b} = \frac{1}{24} p l^2 \frac{2 - \varkappa}{1 + \varkappa (3 + \psi)}.$$

Die partikuläre Lösung lautet infolgedessen

$$\xi_\nu = \frac{1}{24} p l^2 \left[\frac{2 + \varkappa}{3 + \varkappa (3 + \psi)} - (-1)^\nu \frac{2 - \varkappa}{1 + \varkappa (3 + \psi)} \right]$$

und daher die allgemeine Lösung der Differenzengleichung

$$X_\nu = \bar{a} - \bar{b} (-1)^\nu + (-1)^\nu C_1 r_1^\nu + (-1)^\nu C_2 r_2^\nu$$

$$C_1 = - \frac{(\bar{a} - \bar{b}) [(-1)^n - r_2^n] + X_0 r_2^n}{r_1^n - r_2^n}$$

$$C_2 = + \frac{(\bar{a} - \bar{b}) [(-1)^n - r_1^n] + X_0 r_1^n}{r_1^n - r_2^n}$$

eingesetzt, bekommt man schließlich

$$X_\nu = \bar{a} - (-1)^\nu \bar{b} - [X_0 - (\bar{a} - \bar{b})] (-1)^\nu \frac{r_1^\nu r_2^n - r_2^\nu r_1^n}{r_1^n - r_2^n} -$$

$$- (-1)^{\nu-n} [\bar{a} - \bar{b} (-1)^n] \frac{r_1^\nu - r_2^\nu}{r_1^n - r_2^n} \quad . \; . \; . \; . \; . \quad (39)$$

Wie früher geht daraus die gekürzte Lösung in folgender Form hervor:

$$X_\nu = \bar{a} - (-1)^\nu \bar{b} + [X_0 - (\bar{a} - \bar{b})] (-1)^\nu r_1^\nu -$$

$$- (-1)^{n-\nu} [\bar{a} - \bar{b} (-1)^n] \frac{1}{r_2^{n-\nu}} \quad . \; . \; . \; . \; . \; . \quad (39\,a)$$

Die Lösung enthält den noch unbekannten Randwert X_0, der durch die abweichend gebaute nullte Gleichung des Systems der X_ν bestimmt ist.

3. Unsymmetrische Belastung sämtlicher Riegel.

Alle Fache seien mit p/m links halbbelastet; dann ist

$$\mathfrak{M}^x_{c\nu} = \frac{3}{8} p l x - p \frac{x^2}{2} \qquad 0 < x < \frac{l}{2}$$

$$\mathfrak{M}^x_{c\nu} = \frac{1}{8} p l (l - x) \qquad \frac{l}{2} < x < l$$

damit wird

$$\Phi_{c\nu} = \int_0^{\frac{l}{2}} \left(\frac{3}{8} p l x - \frac{p x^2}{2}\right) d x + \int_0^{\frac{l}{2}} \frac{1}{8} p l x' d x' = \frac{1}{24} p l^3$$

$$\Sigma^a_{c\nu} = \int_0^l \mathfrak{M}_{c\nu} (l - x) d x = \frac{1}{8} p l^2 \frac{l}{2} \cdot \frac{2}{3} l - \frac{p l^2}{8} \frac{l}{6} \cdot \frac{7}{8} l = \frac{9}{384} p l^4$$

$$\Sigma^b_{c\nu} = \int_0^l \mathfrak{M}_{c\nu} x d x = \frac{1}{8} p l^2 \cdot \frac{l^2}{6} - \frac{1}{48} p l^3 \cdot \frac{1}{8} l \qquad = \frac{7}{384} p l^4$$

Zur Kontrolle der Rechnung muß

$$\frac{1}{l} (\Sigma^a_{c\nu} + \Sigma^b_{c\nu}) = \Phi_{c\nu}$$

sein.

$$\frac{9 + 7}{384} p l^3 = \frac{16}{384} p l^3 = \frac{1}{24} p l^3$$

$$\mathfrak{U}_{c\nu} = (\Sigma^b_{c\nu} - \Sigma^a_{c\nu}) = \frac{2}{384} p l^4 = \frac{1}{192} p l^4.$$

Das Gleichungssystem der Summen S_ν lautet:

$$\left.\begin{array}{l} (2 + \psi) S_0 + S_1 = \frac{1}{12} p l^2 \\ S_0 + [2 + \varkappa (2 + \psi)] S_1 + \varkappa S_2 = \frac{1}{12} p l^2 (2 + \varkappa) \\ S_{n-2} + [2 + \varkappa (2 + \psi)] S_{n-1} + \varkappa S_n = \frac{1}{12} p l^2 (2 + \varkappa) \end{array}\right\} \quad (40)$$

Um das Gleichungssystem der Differenzen D_ν zu bekommen, ist in der allgemein gültigen Gleichung (19) $\sigma = 1$, $p = 0$, $\sec \alpha = 1$ und $\overline{\mathfrak{F}}_{a\nu} = 0$ zu setzen; der $\mathfrak{M}$-Verlauf erstreckt sich beim Stockwerkrahmen, lotrechte Belastung vorausgesetzt, ja nicht auf die Ständer. Die ν-te Gleichung desselben lautet dann:

$$\frac{\lambda_{\nu-1}}{6} D_{\nu-1} - \left[\frac{\lambda_{\nu-1}}{6} + \frac{\lambda_\nu}{6} + \gamma_\nu\right] D_\nu + \frac{\lambda_\nu}{6} D_{\nu+1} = - \lambda_{\nu-1} \frac{\mathfrak{U}_{c\,\nu-1}}{l_{\nu-1}^2} + \lambda_\nu \frac{\mathfrak{U}_{c\nu}}{l_\nu^2}$$

und die nullte Gleichung ähnlich wie (19a)

$$-\left(\frac{\lambda_0}{6}+\gamma_0\right) D_0 + \frac{\lambda_0}{6} D_1 = \lambda_0 \frac{\mathfrak{U}_{c\,0}}{l_0^2}.$$

Bei Einführung der angenommenen Veränderlichkeit von λ_ν und der dem gegebenen Belastungsfalle entsprechenden Bedingung

$$\mathfrak{U}_{c\,\nu} = \text{const.} = \frac{1}{32} p l^4$$

erhält man die Differenzengleichung der D_ν wie folgt:

$$\left.\begin{array}{ll} -(1+6\psi)\,D_0 + D_1 = \frac{1}{32} p l^2 \\ D_0 - [1+\varkappa(1+6\psi)]\,D_1 + \varkappa D_2 = \frac{1}{32} p l^2 (\varkappa - 1) \\ D_{n-2} - [1+\varkappa(1+6\psi)]\,D_{n-1} + \varkappa D_n = \frac{1}{32} p l^2 (\varkappa - 1) \end{array}\right\} \quad (41)$$

Die Lösung beider Differenzengleichungen macht keine Schwierigkeiten; S_ν läßt sich aus der Gleichung (21) herleiten, wenn man in dem Belastungsgliede die veränderliche Größe $(\varepsilon\sigma) = 1$ setzt; dann wird

$$\bar{a} = \frac{a}{1+k_1+\varkappa} = \frac{1}{12} p l^2 \frac{(2+\varkappa)}{3+\varkappa(3+\psi)}$$

$$S_\nu = \bar{a} - (-1)^\nu (S_0 - \bar{a}) \frac{r_1^\nu r_2^n - r_2^\nu r_1^n}{r_1^n - r_2^n} - (-1)^{\nu-n} \bar{a} \frac{r_1^\nu - r_2^\nu}{r_1^n - r_2^n}.$$

S_0 ist aus der für die Lösung gestrichenen Gleichung für $\nu = 0$ zu berechnen. Entsprechend (21a) ergibt sich die gekürzte Lösung mit

$$S_\nu = \bar{a} + (-1)^\nu (S_0 - \bar{a})\, r_1^\nu - (-1)^{\nu-n} \bar{a} \frac{1}{r_2^{n-\nu}}.$$

Die Lösung der Differenzengleichung der D_ν bekommt man aus Gleichung (28), wenn man dort $a = 0$ setzt; dann ergibt sich als Schema der ν-ten Gleichung

$$D_{\nu-1} - k_1 D_\nu + \varkappa D_{\nu+1} = b$$

ihre Lösung lautet ähnlich wie (28)

$$D_\nu = \bar{b} - (D_0 - \bar{b}) \cdot \frac{r_1^\nu r_2^n - r_2^\nu r_1^n}{r_1^n - r_2^n} - \bar{b} \cdot \frac{r_1^\nu - r_2^\nu}{r_1^n - r_1^n},$$

wenn

$$\bar{b} = \frac{b}{1-k_1+\varkappa} = -\frac{1}{32} p l^2 \cdot \frac{1-\varkappa}{6\psi\varkappa}$$

und die gekürzte Lösung, nach der gewöhnlich zu rechnen sein wird

$$D_\nu = \bar{b} + (D_0 - \bar{b})\, r_1^\nu - \bar{b} \cdot \frac{1}{r_2^{n-\nu}}.$$

Sind die S_ν und die D_ν bekannt, berechnet sich $X_{a\nu} = \frac{S_\nu + D_\nu}{2}$ und $X_{b\nu} = \frac{S_\nu - D_\nu}{2}$. Y_ν ergibt sich aus dem zugehörigen symmetrischen Belastungszustande mit dem doppelten Betrage, da der zugehörige antisymmetrische Belastungszustand keinen Beitrag zu Y_ν liefert.

$$Y_\nu = \frac{3}{2(3+2\psi)}\left[\frac{1}{12} p l^2 + S_\nu(1+\psi) - S_{\nu+1}\right],$$

wobei sich Y_ν schon auf den tatsächlich gegebenen unsymmetrischen Belastungszustand bezieht. Die Ständerkopfmomente $\overline{X}_{a\nu}$ und $\overline{X}_{b\nu}$ berechnen sich nach der allgemein gültigen Formel (30), nur vereinfacht sie sich dadurch, daß $\mathfrak{M}_{a\nu}^{\circ} = 0$ und $\operatorname{tg}\alpha = 0$ zu setzen ist:

$$\overline{X}_{a\nu} = X_{a\nu} - Y_\nu.$$

Damit kann der Momentenverlauf im Tragwerk als berechnet angesehen werden.

4. Belastung mit einer Einzellast im r-ten Fache.

Dann ist

$$\Phi_{cr} = P \cdot \frac{x(l-x)}{2}$$

$$\Sigma_{cr}^a = P \cdot \frac{x}{6} \cdot (l^2 - x^2)$$

$$\Sigma_{cr}^b = P \cdot \frac{x}{6} \cdot (x^2 - 3xl + 2l^2);$$

wenn x der Abstand der Last P von der linken Stütze ist.

$$\mathfrak{U}_{cr} = \Sigma_{cr}^b - \Sigma_{cr}^a = \frac{x}{6} (l^2 - 3xl + 2x^2).$$

Alle übrigen Belastungsgrößen $\Phi_{c\nu}$ und $\mathfrak{U}_{c\nu}$ sind gleich Null. Dann lautet das Gleichungssystem der S_ν

$$\left.\begin{array}{l}
(2+\psi) S_0 + S_1 = 0 \\
S_0 + [2+\varkappa(2+\psi)] S_1 + \varkappa S_2 = 0 \\
\cdots\cdots\cdots \quad \varkappa \boxed{S_r} = 0 \\
S_{r-1} + [2+\varkappa(2+\psi)] S_r + \varkappa S_{r+1} = P \cdot \varkappa \frac{x(l-x)}{l} \\
S_r + [2+\varkappa(2+\psi)] S_{r+1} + \varkappa S_{r+2} = 2P \cdot \frac{x(l-x)}{l} \\
\boxed{S_{r+1}} + [2+\varkappa(2+\psi)] S_{r+2} + \varkappa S_{r+3} = 0 \\
S_{n-2} + [2+\varkappa(2+\psi)] S_{n-1} + \varkappa S_n = 0
\end{array}\right\} \quad (42)$$

Hat ein Stockwerkrahmen nur wenig Fache, ist die Anzahl der Gleichungen eine geringe, so bietet die Lösung dieses Systems durch Integration keine wesentlichen Vorteile, man wird ebenso rasch durch gewöhnliche Substitution zum Ziele kommen. Sind viele Fache vorhanden, kann man auf folgende Art vorgehen:

Streicht man die r-te und (r + 1)-te Gleichung, so zerfällt das ganze System in zwei Gruppen homogener Gleichungen, einmal mit den Randwerten S_0 und S_r, zweitens mit den Randwerten S_{r+1} und S_n; S_0 und S_n bestimmen sich aus den Stützenbedingungen, S_r und S_{r+1} aus der äußeren Belastung (den gestrichenen beiden Gleichungen).

Die Lösung der homogenen Differenzengleichung mit den Randwerten S_0 und S_r lautet:

$$S_\nu = -(-1)^\nu S_0 \frac{r_1^\nu r_2^r - r_2^\nu r_1^r}{r_1^r - r_2^r} - (-1)^{\nu - r} S_r \frac{r_1^\nu - r_2^\nu}{r_1^r - r_2^r} \tag{42a}$$

und gilt für $o < \nu < r$

Für die zweite Gruppe ist

$$S_\nu = (-1)^\nu C_1 r_1^\nu + (-1)^\nu C_2 r_2^\nu$$

Aus den gegebenen Randwerten bestimmt sich

$$C_1 = -\frac{S_{r+1} r_2^{n-(r+1)}}{(-1)^{r+1} r_1^{r+1} [r_1^{n-(r+1)} - r_2^{n-(r+1)}]}$$

$$C_2 = +\frac{S_{r+1} r_1^{n-(r+1)}}{(-1)^{r+1} [r_1^{n-(r+1)} - r_2^{n-(r+1)}] r_2^{r+1}}$$

schließlich ergibt sich die Lösung in folgender Form:

$$S_\nu = -(-1)^{\nu-(r+1)} S_{r+1} \cdot \frac{r_1^{\nu-(r+1)} r_2^{n-(r+1)} - r_2^{\nu-(r+1)} r_1^{n-(r+1)}}{r_1^{n-(r+1)} - r_2^{n-(r+1)}} \tag{42b}$$

gültig für $(r + 1) > \nu > n$.

Mit Hilfe der erhaltenen beiden Lösungen hat man S_{r-1} und S_{r+2} durch S_r und S_{r+1} auszudrücken, in die gestrichenen Gleichungen einzusetzen; schließlich erhält man zwei Gleichungen, die nur S_r und S_{r+1} als Unbekannte enthalten.

Das Gleichungssystem der Differenzen D_ν lautet wie folgt:

$$\left.\begin{array}{l}
-(1 + 6\psi) D_0 + D_1 = 0 \\
D_0 - [1 + \varkappa(1 + 6\psi)] D_1 + \varkappa D_2 = 0 \\
\vdots \\
D_{r-1} - [1 + \varkappa(1 + 6\psi)] D_r + \varkappa D_{r+1} = \varkappa \cdot \frac{x}{l^2}(l^2 - 3xl + 2x^2) \cdot P \\
D_r - [1 + \varkappa(1 + 6\psi)] D_{r+1} + \varkappa D_{r+2} = -\frac{x}{l^2}(l^2 - 3xl + 2x^2) P \\
D_{r+1} - [1 + \varkappa(1 + 6\psi)] D_{r+2} + \varkappa D_{r+3} = 0 \\
\\
D_{n-2} - [1 + \varkappa(1 + 6\psi)] D_{n-1} + \varkappa D_n = 0
\end{array}\right\} \tag{43}$$

Bei der Auflösung dieses Systems ist ähnlich wie oben vorzugehen.

5. Wagrechte symmetrische Belastung.

(Erddruck von beiden Seiten.)

Um eine Vereinfachung der Berechnung zu erzielen, soll der Erddruck innerhalb eines Faches unveränderlich angenommen werden, so daß für jedes Fach die wagrechte Belastung gleichmäßig verteilt wird. Es sei aber ausdrücklich bemerkt, daß die dreieckige oder trapezförmige Lastverteilung die Anwendung des Integrationsverfahrens nicht unmöglich macht, sondern nur eine umständlichere Berechnung der Belastungsglieder bewirkt. Durch diese vereinfachende Annahme löst sich das beiderseitige Erddruckdreieck in eine stufenförmig begrenzte Belastungsfläche auf.

Es sei a ton/m der Erddruck an der untersten Stelle des Tragwerkes, r die Anzahl der mit Erddruck belasteten Fache, n die Anzahl der Fache überhaupt. Die Belastungsverminderung zwischen zwei aufeinander folgenden Fachen ist dann $\frac{a}{r}$ und die gleichmäßig verteilte Belastung des untersten Faches

$$w_0 = a - \frac{a}{r} \cdot \frac{1}{2} = a\left(1 - \frac{1}{2r}\right)$$

des ersten Faches

$$w_1 = w_0 - 1 \cdot \frac{a}{r} = a\left(1 - \frac{1}{2r}\right) - 1 \cdot \frac{a}{r}$$

und schließlich ist

$$w_\nu = a\left(1 - \frac{1}{2r}\right) - \nu \frac{a}{r} \quad \text{oder} \quad w_\nu = k_1 - k_2 \nu$$

wenn

$$k_1 = a\left(1 - \frac{1}{2r}\right) \quad \text{und} \quad k_2 = \frac{a}{r}$$

ist. Der Momentenverlauf des ν-ten Grundsystems stellt sich nun folgendermaßen dar:

$$\mathfrak{M}_{c\nu} = -\frac{w_\nu h^2}{2}, \quad \mathfrak{M}_{a\nu} = \mathfrak{M}_{b\nu} = -\frac{w_\nu y^2}{2},$$

daher bekommt man

$$\Phi_{c\nu} = -\frac{w_\nu h^2 l}{2}$$

$$\Sigma^u_{a\nu} = -\frac{w_\nu h^4}{8}$$

$$\Phi_{a\nu} = -\frac{w_\nu h^3}{6}.$$

Setzt man diese Größen in das Belastungsglied (8) ein und berücksichtigt das abnehmende Trägheitsmoment, dann erhält man das Gleichungssystem der X_ν wie folgt:

$$\left.\begin{aligned}
(2+\psi)X_0 + X_1 &= \frac{w_0 h^2}{12}(3+\psi)\\
X_0 + [2+\varkappa(2+\psi)]X_1 + \varkappa X_2 &= \frac{w_0 h^2}{4} + \frac{w_1 h^2}{12}\varkappa(3+\psi)\\
X_{r-1} + [2+\varkappa(2+\psi)]X_r + \varkappa X_{r+1} &= \frac{w_{r-1} h^2}{4} + \frac{w_r h^2}{12}\varkappa(3+\psi)\\
X_r + [2+\varkappa(2+\psi)]X_{r+1} + \varkappa X_{r+2} &= \frac{w_r h^2}{4}\\
\ldots\ldots\ldots\ldots &= 0\\
X_{n-2} + [2+\varkappa(2+\psi)]X_{n+1} + \varkappa X_n &= 0
\end{aligned}\right\} \quad (44)$$

Führt man das angegebene Gesetz in den w_ν ein, erhält man als Differenzengleichung der X_ν:

$$\left.\begin{aligned}
(2+\psi)X_0 + X_1 &= \frac{h^2}{12}\cdot k_1(3+\psi)\\
X_0 + [2+\varkappa(2+\psi)]X_1 + \varkappa X_2 &= \frac{h^2}{12}\{k_1[3+\varkappa(3+\psi)] +\\
&\quad + 3k_2\} - \frac{h^2}{12}k_2[3+\varkappa(3+\psi)]\\
X_{\nu-1} + [2+\varkappa(2+\psi)]X_\nu + \varkappa X_{\nu+1} &= \frac{h^2}{12}\{k_1[3+\varkappa(3+\psi)] +\\
&\quad + 3k_2\} - \nu\cdot\frac{h^2}{12}k_2[3+\varkappa(3+\psi)]\\
X_{r-1} + [2+\varkappa(2+\psi)]X_r + \varkappa X_{r+1} &= \frac{h^2}{12}\{k_1[3+\varkappa(3+\psi)] +\\
&\quad + 3k_2\} - r\frac{h^2}{12}k_2[3+\varkappa(3+\psi)]\\
X_r + [2+\varkappa(2+\psi)]X_{r+1} + \varkappa X_{r+2} &= \frac{h^2}{4}(k_1+k_2) - (r+1)\cdot\frac{h^2}{4}k_2\\
X_{n-2} + [2+\varkappa(2+\psi)]X_{n-1} + \varkappa X_n &= 0
\end{aligned}\right\} \quad (44a)$$

Bis inklusive der r-ten Gleichung resultiert daher ein Gleichungssystem von der Form

$$X_{\nu-1} + [2+\varkappa(2+\psi)]X_\nu + \varkappa X_{\nu+1} = a - b\nu$$

mit den vorläufig unbekannten Randwerten X_0 und X_{r+1};

$$a = \frac{h^2}{12}\{k_1[3+\varkappa(3+\psi)] + 3k_2\}$$

$$b = \frac{h^2}{12}k_2[3+\varkappa(3+\psi)].$$

Eine partikuläre Lösung dieser Differenzengleichung lautet:

$$\xi_\nu = \bar{a} - \bar{b}\nu,$$

wobei

$$\bar{a} = \frac{a}{3 + \varkappa(3 + \psi)} \quad \text{und} \quad \bar{b} = \frac{b}{3 + \varkappa(3 + \psi)}$$

und folglich die allgemeine Lösung

$$X_\nu = \bar{a} - \bar{b}\nu + (-1)^\nu C_1 r_1^{\,\nu} + (-1)^\nu C_2 r_2^{\,\nu}.$$

Die beiden Integrationskonstanten C_1 und C_2 ergeben sich bei Einführung der Randwerte mit

$$C_1 = + \frac{X_{r+1} - [\bar{a} - \bar{b}(r+1)] - (X_0 - \bar{a})(-1)^{r+1} r_2^{\,r+1}}{(-1)^{r+1}(r_1^{\,r+1} - r_2^{\,r+1})}$$

$$C_2 = - \frac{X_{r+1} - [\bar{a} - \bar{b}(r+1)] - (X_0 - \bar{a})(-1)^{r+1} r_1^{\,r+1}}{(-1)^{r+1}(r_1^{\,r+1} - r_2^{\,r+1})}$$

schließlich bekommt man die allgemeine Lösung mit

$$X_\nu = \bar{a} - \bar{b}\nu - (-1)^\nu (X_0 - \bar{a}) \frac{r_1^{\,\nu} r_2^{\,r+1} - r_2^{\,\nu} r_1^{\,r+1}}{r_1^{\,r+1} - r_2^{\,r+1}} +$$

$$+ (-1)^{\nu-(r+1)} \{X_{r+1} - [\bar{a} - \bar{b}(r+1)]\} \frac{r_1^{\,\nu} - r_2^{\,\nu}}{r_1^{\,r+1} - r_2^{\,r+1}} \qquad (45)$$

Diese Lösung gilt innerhalb der Grenzen $0 < \nu < (r+1)$.

Von der $(r+2)$-ten Gleichung an ist das System homogen; die Lösung dieses Teiles ist nach Gleichung (42b) zu bestimmen, $X_n = 0$ und X_{r+1} sind die Randwerte. Zur Bestimmung des unbekannten Randwertes X_{r+1} dient die $(r+1)$-te Gleichung des linearen Systems (44a); darin drückt man mit Hilfe obiger Lösungen X_r und X_{r+2} durch X_0 und X_{r+1} aus; der Beitrag von X_0 wird in den meisten Fällen vernachlässigt werden können. Man erhält damit eine Gleichung, in der nur X_{r+1} als Unbekannte vorkommt.

6. Einzellast W = 1 an der obersten Rahmenecke.

Dieser Belastungsfall ist für den mehrteiligen Rahmenbock behandelt worden und es muß sich die Differenzengleichung der D_ν aus den dort ermittelten Beziehungen herleiten lassen, wenn man wie früher $\sec\alpha = 1$, $p = 0$, $\sigma = 1$ setzt. Die Größen D_ν wurden beim mehrteiligen Rahmenbock in zwei Teilen berechnet, die D_ν', herrührend aus den wagrechten Reaktionen der einzelnen Fache aufeinander, die D_ν'', die sich aus den lotrechten Zusatzreaktionen ergaben.

Die Differenzengleichung der D_ν' lautet nach (24)

$$\left.\begin{array}{l} -(1+6\psi)D_0' + D_1' = Wh(1+3\psi) \\ D_0' - [1+\varkappa(1+6\psi)]D_1' + \varkappa D_2' = Wh[-1+\varkappa(1+3\psi)] \\ \\ D_{\nu-1}' - [1+\varkappa(1+6\psi)]D_\nu' + \varkappa D_{\nu+1}' = Wh[-1+\varkappa(1+3\psi)] \\ \\ D_{n-2}' - [1+\varkappa(1+6\psi)]D_{n-1}' + \varkappa D_n' = Wh[-1+\varkappa(1+3\psi)] \end{array}\right\} \quad (46)$$

und ihre Lösung ähnlich wie (25)

$$D_\nu' = \bar{a} - (D_0' - \bar{a})\frac{r_1^\nu r_2^n - r_2^\nu r_1^n}{r_1^n - r_2^n} - \bar{a}\frac{r_1^\nu - r_2^\nu}{r_1^n - r_2^n}.$$

Die Belastungsglieder der Differenzengleichung der D_ν'' werden alle gleich Null, so daß alle $D_\nu'' = 0$ werden, d. h. die D_ν' sind identisch mit den D_ν selbst.

Der Horizontalschub ist in allen Fachen gleich $\frac{1}{2}$ W, damit ergibt sich das Ständerkopfmoment

$$\overline{X}_{a\nu} = \mathfrak{M}_{a\nu}^{o} + X_{a\nu} - Y_\nu = \frac{1}{2}(W \cdot h + D_\nu)$$

7. Belastung mit einer wagrechten, längs des Ständers gleichmäßig verteilten Last.

Wind von links.

Im (n—1)-ten Fache ist

$$\mathfrak{M}_{a\,n-1}^{y} = w\,h\,y - \frac{w\,y^2}{2}$$

$$\mathfrak{M}_{c\,n-1}^{x} = \frac{w\,h^2}{2} \cdot \frac{l-x}{l}.$$

Auf das (n—2)te Fach wirken außer der gleichmäßig verteilten äußeren Belastung die Aktionskräfte des (n—1)ten Faches; Momente erzeugt nur der Horizontalschub $H = wh$, an der oberen Ecke des (n—2)ten Faches angreifend, während die lotrechten Stützenkräfte nur Längsspannungen in den darunter liegenden Fachen erzeugen. Im ν-ten statisch bestimmten Grundsysteme erzeugen daher Momente die darauf entfallende äußere Belastung und die Einzellast $Wh \cdot (n - \nu - 1)$, die an der oberen Ecke des betrachteten Faches angreift.

Im statisch bestimmten Grundsysteme entsteht daher ein Momentenbild nach Abb. 14.

Für den ν-ten Ständer ist also

$$\mathfrak{M}_{a\nu}^{y} = wh(n - \nu - 1)\,y + w\,h\,y - \frac{w\,y^2}{2}$$

und für den nullten Ständer

$$\mathfrak{M}_{a0}^{y} = w h (n-1) y + w h y - \frac{w y^2}{2}.$$

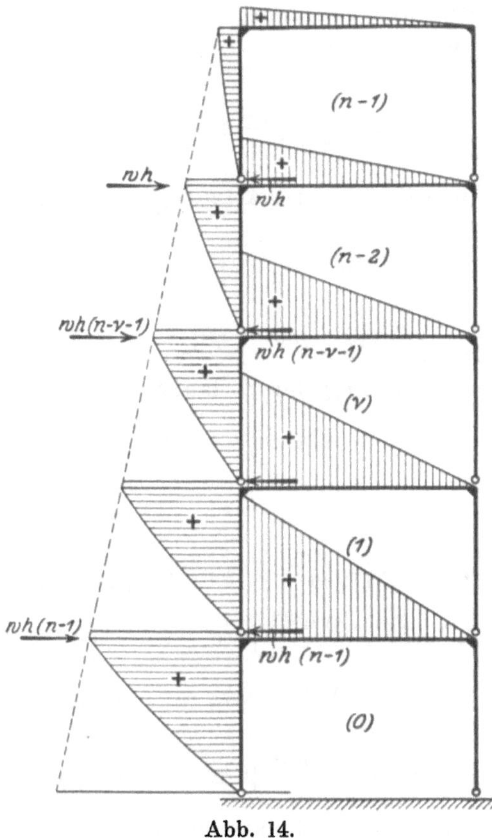

Abb. 14.

Daher ist

$$\Phi_{a\nu} = \frac{w h^2}{2} h (n-\nu-1) + \frac{w h^2}{2} h - \frac{w h^2}{2} \cdot \frac{h}{3} =$$

$$= \frac{w h^2}{6} [3(n-\nu-1)+2]$$

$$\Sigma_{a\nu}^{u} = \frac{w h^3}{2} \frac{2h}{3} (n-\nu-1) + \frac{w h^3}{2} \cdot \frac{2}{3} h - \frac{w h^3}{6} \cdot \frac{3}{4} h =$$

$$= \frac{w h^4}{24} [8(n-\nu-1)+5].$$

Für den ν-ten Riegel ergibt sich

$$\mathfrak{M}_{c\nu}^{x} = w h^2 \frac{l-x}{l} \cdot (n-\nu-1) + \frac{w h^2}{2} \cdot \frac{l-x}{l}$$

$$\Phi_{c\nu} = \frac{w h^2 l}{2}(n-\nu-1) + \frac{w h^2 l}{4} = \frac{w h^2 l}{4}[2(n-\nu-1)+1].$$

Damit berechnet sich das Belastungsglied der ν-ten Gleichung des Systems der S_ν wie folgt:

$$-A_1 l \varkappa^\nu \frac{\psi}{3+2\psi}\cdot\frac{w h^2}{4}[2(n-\nu-1)+1] - \frac{3(1+\psi)}{3+2\psi} A_1 l \varkappa^\nu \psi \frac{w h^2}{24}[8(n-\nu-1)+5] +$$

$$+ A_1 l \varkappa^\nu \psi \frac{w h^2}{6}[3(n-\nu-1)+2] - A_1 l \varkappa^{\nu-1} \frac{2\psi}{3+2\psi}\cdot\frac{w h^2}{4}[2(n-\nu)+1] +$$

$$+ A_1 l \varkappa^{\nu-1} \frac{3\psi}{3+2\psi}\cdot\frac{w h^2}{24}[8(n-\nu)+5] =$$

$$= A_1 l \varkappa^{\nu-1} \frac{w h^2}{24}\,\frac{\psi}{3+2\psi}\cdot[3+\varkappa(3+\psi)]$$

und die Differenzengleichung der S_ν lautet

$$\left.\begin{aligned}
(2+\psi)S_0 + S_1 &= -\frac{w h^2}{12}(3+\psi)\\
S_0 + [2+\varkappa(2+\psi)]S_1 + \varkappa S_2 &= -\frac{w h^2}{12}[3+\varkappa(3+\psi)]\\
S_{n-2} + [2+\varkappa(2+\psi)]S_{n-1} + \varkappa S_n &= -\frac{w h^2}{12}[3+\varkappa(3+\psi)]
\end{aligned}\right\} \quad (47)$$

Weiter ergibt sich $\Sigma^b_{c\nu} = \frac{w h^2 l^2}{6}[2(n-\nu-1)+1]$

$$\Sigma^a_{c\nu} = \frac{w h^2 l^2}{12}[2(n-\nu-1)+1]$$

$$\mathfrak{U}_{c\nu} = \frac{w h^2 l^2}{12}[2(n-\nu-1)+1].$$

Damit läßt sich nach (19) das Belastungsglied des Gleichungssystems der D_ν rechnen und man erhält schließlich die Differenzengleichung der D_ν wie folgt:

$$\left.\begin{aligned}
&-(1+6\psi)D_0 + D_1 = \frac{w h^2}{2}[(n-1)(2+6\psi)+(1+4\psi)]\\
&D_0 - [1+\varkappa(1+6\psi)]D_1 + \varkappa D_2 =\\
&= \frac{w h^2}{2}\{-[2(n-2)+3]+\varkappa[(n-2)(2+6\psi)+(1+4\psi)]\}\\
&D_{\nu-1} + [1+\varkappa(1+6\psi)]D_\nu + \varkappa D_{\nu+1} =\\
&= \frac{w h^2}{2}\{-[2(n-\nu-1)+3]+\varkappa[(n-\nu-1)(2+6\psi)+(1+4\psi)]\}\\
&D_{n-2} + [1+\varkappa(1+6\psi)]D_{n-1} + \varkappa D_n = \frac{w h^2}{2}[-3+\varkappa(1+4\psi)]
\end{aligned}\right\} \quad (48)$$

Die Lösung einer Differenzengleichung, die der der S_ν entspricht, ist bereits angegeben worden. Das Belastungsglied der Differenzengleichung der D_ν muß auf die Form $a - b\nu$ gebracht werden; dann wird

$$a = \frac{w h^2}{2}\left\{(n-1)\left[2\varkappa(1+3\psi)-2\right]+(4\psi-2)\right.$$

$$b = \frac{w h^2}{2}\left[-2+\varkappa(2+\psi)\right].$$

Die Lösung der Differenzengleichung $D_{\nu-1} - k D_\nu + \varkappa D_{\nu+1} = a - b\nu$ lautet dann:

$$D_\nu = \bar{a} - \bar{b}\nu - (D_0 - \bar{a}) \cdot \frac{r_1^\nu r_2^n - r_2^\nu r_1^n}{r_1^n - r_2^n} - (\bar{a} - \bar{b} n)\frac{r_1^\nu - r_2^\nu}{r_1^n - r_2^n} \qquad (49)$$

wenn

$$\bar{a} = -\frac{a}{6\psi\varkappa}, \qquad \bar{b} = -\frac{b}{6\psi\varkappa}.$$

Doch wird stets nach der gekürzten Lösung

$$D_\nu = \bar{a} - \bar{b}\nu + (D_0 - \bar{a})\, r_1^\nu - (\bar{a} - \bar{b} n)\frac{1}{r_2^{n-\nu}} \quad . \quad . \quad . \quad (49\,a)$$

zu rechnen sein. Nun sind noch die Größen Y_ν zu bestimmen. Es war

$$Y_\nu = \frac{1}{\beta_\nu}\left[\frac{\gamma_\nu}{h_\nu^2}\Sigma^u_{a\nu} + \frac{\lambda_\nu}{1}\Phi_{c\nu} + \frac{1}{2}\alpha_\nu S_\nu - \frac{1}{2}\lambda_\nu S_{\nu+1}\right].$$

Setzt man die berechneten Belastungsgrößen ein, bekommt man

$$Y_\nu = \frac{3}{3+2\psi}\left[\frac{w h^2}{24}\psi[8(n-\nu-1)+5] + \frac{w h^2}{4}[2(n-\nu-1)+1] + \right.$$

$$\left. + \frac{1}{2}S_\nu(1+\psi) - \frac{1}{2}S_{\nu+1}\right] =$$

$$= \frac{3}{2(3+2\psi)}\left\{\frac{w h^2}{12}[(n-\nu-1)\right.$$

$$\left. \cdot 4(3+2\psi) + (5\psi+6)] + S_\nu(1+\psi) - S_{\nu+1}\right\} \quad . \quad . \quad (50)$$

Mit Hilfe der Y_ν lassen sich die Ständerkopfmomente leicht bestimmen; es ist

$$\overline{X}_{a\nu} = \mathfrak{M}^o_{a\nu} + X_{a\nu} - Y_\nu$$

$$\overline{X}_{b\nu} = X_{b\nu} - Y_\nu$$

wobei

$$\mathfrak{M}^o_{a\nu} = w h^2(n-\nu-1) + \frac{w h^2}{2}$$

Beispiel.

Für einen Stockwerkrahmen wäre ermittelt worden: $\psi = 3$, $\varkappa = 1{,}2$; damit ergibt sich die charakteristische Gleichung

$$1 + 8\,r + 1{,}2\,r^2 = 0$$

daraus

$$r_1 = (-1)\cdot 0{,}127 \text{ und } r_2 = (-1)\cdot 6{,}539; \quad n = 5$$

ν	1	2	3	4	5
$\nu \log \lvert r_1 \rvert$	0,10380 — 1	0,20760 — 2	0,31140 — 3	0,41520 — 4	0,51900 — 5
$\nu \log \lvert r_2 \rvert$	0,81551	1,63102	2,44653	3,26204	4,07755

Aus dem gegenseitigen Größenverhältnis von r_1 und r_2 sieht man sofort, daß man immer mit der gekürzten Lösung zu rechnen haben wird.

Zunächst soll gezeigt werden, wie sich ein Moment $X_0 = +1$ im Stockwerkrahmen fortpflanzt, wieweit also bei üblicher Genauigkeit in der Rechnung sein Einfluß berücksichtigt werden muß.

Für den angenommenen fünffachigen Rahmen lautet nun die zugehörige Differenzengleichung:

$$\begin{aligned} X_0 + 8\,X_1 + 1{,}2\,X_2 &= 0 \\ X_1 + 8\,X_2 + 1{,}2\,X_3 &= 0 \\ X_2 + 8\,X_3 + 1{,}2\,X_4 &= 0 \\ X_3 + 8\,X_4 + 1{,}2\,X_5 &= 0. \end{aligned}$$

An die Stelle der nullten Gleichung tritt der gegebene Randwert $X_0 = +1$; da $X_5 = 0$ ist, ergibt sich X_ν

$$X_\nu = -(-1)^\nu \frac{r_1^\nu r_2^n - r_2^\nu r_1^n}{r_1^n - r_2^n}$$

und in der gekürzten Form kann angeschrieben werden

$$X_\nu = +(-1)^\nu r_1^\nu = \cos(\nu\pi)\, r_1^\nu,$$

d. h. man kann die X_ν als Amplituden einer gedämpften Schwingung auffassen, mit dem Dämpfungsverhältnis r_1 und der Wellenlänge 1, daß r_1 gegenüber r_2 so klein wird, wodurch die Formeln so einfach werden, liegt natürlich nicht in der Annahme des speziellen Beispieles; die Verhältnisse müssen immer so liegen, solange ψ wesentlich größer als 1 ist und mit dem Anwachsen von ψ immer günstiger werden; mathematisch sind sie begründet durch das Überwiegen des mittleren Koeffizienten in der Differenzengleichung der X_ν.

Danach ist

$$\begin{aligned} X_0 &= +1{,}000 \text{ tm} && 100\ \% \text{ von } X_0 \\ X_1 &= -r_1 = -0{,}127 \text{ tm} && 12{,}7\ \% \text{ von } X_0 \\ X_2 &= +r_1^2 = +0{,}016 \text{ tm} && 1{,}6\ \% \text{ von } X_0 \\ X_3 &= -r_1^3 = -0{,}0025 \text{ tm} && 0{,}25\ \% \text{ von } X_0 \\ X_4 &= +r_1^4 = +0{,}00026 \text{ tm} && 0{,}026\% \text{ von } X_0. \end{aligned}$$

X_0 nimmt natürlich keine Sonderstellung ein; eine ebenso rasche Konvergenz wird sich auch durch ein beliebiges Moment $X_\nu = 1$ nach beiden Richtungen ergeben; man sieht aus diesem Beispiele, daß es bei üblicher Genauigkeit immer genügen wird, den Einfluß eines Momentes oder eines Belastungsgliedes der Differenzengleichung nach beiden Richtungen über höchstens zwei Fache zu verfolgen.

Zu 1. Ein fünffachiger Stockwerkrahmen sei gegeben durch $l = 6$ m, $h = 4{,}5$ m, $\frac{J_{co}}{J_{ao}} = 4$; damit wird $\psi = 3$; die Veränderlichkeit des Trägheitsmomentes sei so angenommen, daß sich $\varkappa = 1{,}2$ ergibt. $g_0 = 1{,}5$ ton/m und ε ergibt sich mit

$$\varepsilon = \sqrt[8]{\frac{g_4}{g_0}} = 0{,}95.$$

Damit berechnet sich das Belastungsglied mit

$$B_\nu = \frac{1}{12} g_0 l^2 (2 + \varepsilon^2 \varkappa) \varepsilon^{2(\nu-1)} = 13{,}874\, \varepsilon^{2(\nu-1)}$$

und die Differenzengleichung der X_ν lautet:

$$\begin{aligned} 5 X_0 + X_1 &= 4{,}500 \\ X_0 + 8 X_1 + 1{,}2 X_2 &= 13{,}874 \\ X_1 + 8 X_2 + 1{,}2 X_3 &= 13{,}874 \cdot 0{,}9025 \\ X_2 + 8 X_3 + 1{,}2 X_4 &= 13{,}874 \cdot 0{,}8145 \\ X_3 + 8 X_4 &= 13{,}874 \cdot 0{,}7350 \end{aligned}$$

$$\bar{a} = \frac{a}{\varepsilon^{-2} + k_1 + \varepsilon^2 \varkappa} = \frac{13{,}874}{10{,}191} = 1{,}361$$

$$X_1 = 1{,}361 - (X_0 - 1{,}508)\, 0{,}127 - 0{,}903 \cdot 0{,}0006 = 4{,}5 - 5 X_0$$

$$X_0 = + \frac{2{,}947}{4{,}837} = + 0{,}605 \text{ tm}$$

$$X_1 = 1{,}361 + 0{,}903 \cdot 0{,}127 = 1{,}475 \text{ tm}$$

Die Ergebnisse der weiteren Rechnung sind in der folgenden Tabelle zusammengestellt:

ν	X_ν	Y_ν	$\overline{X}_\nu$	$M^a_{c\,\nu}$
0	0,605	1,815	— 1,210	— 2,685
1	1,475	2,914	— 1,440	— 2,657
2	1,217	2,481	— 1,264	— 2,353
3	1,089	2.175	— 1,086	— 2,224
4	1,138	2,512	— 1,374	— 1,374

Was die Rechenproben anbelangt, gilt darüber dasselbe, was im II. Abschnitte gesagt wurde.

Zu 3. Alle Fache sind mit $p = 3$ ton/m links halbbelastet; für den gegebenen Stockwerkrahmen lautet dann die Differenzengleichung der S_ν

$$\begin{aligned} 5 S_0 + S_1 &= 9{,}0 \\ S_0 + 8 S_1 + 1{,}2 S_2 &= 28{,}8 \\ &\;\;\vdots \\ S_3 + 8 S_4 &= 28{,}8. \end{aligned}$$

Ihre Lösung bietet nichts Bemerkenswertes.

Die Differenzengleichung der D_ν berechnet sich mit

$$\begin{aligned} -19{,}0 D_0 + D_1 &= 3{,}375 \\ D_0 - 23{,}8 D_1 + 1{,}2 D_2 &= 0{,}675 \\ &\;\;\vdots \\ D_3 - 23{,}8 D_4 &= 0{,}675 \end{aligned}$$

die zugehörige charakteristische Gleichung ist

$$1 - 23{,}8\, r + 1{,}2\, r^2 = 0$$

ihre Wurzeln sind $r_1 = 0{,}042, \quad r_2 = 19{,}792$

Weiter bekommt man

$$\bar{b} = -\frac{1}{32} p l^2 \frac{1-\varkappa}{6 \psi \varkappa} = -0{,}031$$

und damit

$$D_1 = -0{,}031 + (D_0 + 0{,}031) \cdot 0{,}042 = 3{,}375 + 19 D_0$$

daraus ist

$$D_0 = -\frac{3{,}412}{18{,}950} = -0{,}180 \text{ tm}$$

$$D_1 = -0{,}031 - 0{,}159 \cdot 0{,}042 = 0{,}038 \text{ tm.}$$

Schon aus den Belastungsgliedern der Differenzengleichung der D_ν ist zu erkennen, daß der Momentenverlauf in den Ständern nur wenig von der Symmetrie abweichen wird, da die D_ν sehr klein werden müssen. Die Asymmetrie der Momente macht sich nur in den Riegeln so geltend, daß sich das Maximum des positiven Feldmomentes gegen die belastete Stütze zu schiebt.

Die Ergebnisse der Berechnung des Momentenverlaufes sind in der folgenden Tabelle zusammengestellt:

ν	S_ν	D_ν	$X_{a\nu}$	$X_{b\nu}$	Y_ν	$\bar{X}_{a\nu}$	$\bar{X}_{b\nu}$
0	1,194	−0,180	0,507	0,687	3,291	−2,784	−2,604
1	3,030	−0,038	1,496	1,534	4,552	−3,056	−3,018
2	2,806	−0,031	1,388	1,419	4,411	−3,023	−2,992
3	2,760	−0,031	1,365	1,396	4,298	−2,933	−2,902
4	3,254	−0,030	1,612	1,642	5,169	−3,557	−3,527

Die Ständermomente infolge Halbbelastung links mit p/m sollen noch den Ständermomenten infolge totaler Belastung mit $\frac{1}{2}$ p ton/m gegenübergestellt werden:

ν	$X_{a\nu}$	$X_{b\nu}$	X_ν	$\bar{X}_{a\nu}$	$\bar{X}_{b\nu}$	$\bar{X}_\nu$
0	0,507	0,687	0,597	−2,784	−2,604	−1,194
1	1,496	1,534	1,515	−3,056	−3,018	−1,537
2	1,388	1,419	1,403	−3,023	−2,992	−1,508
3	1,365	1,396	1,380	−2,933	−2,902	−1,418
4	1,612	1,642	1,627	−3,557	−3,527	−2,042

Die beiden verglichenen Belastungszustände entsprechen einer gleichen aufgebrachten Lastensumme. Man sieht aus dieser Gegenüberstellung, daß die Ständerfußmomente ungefähr dieselbe Größenlage behalten, daß jedoch die Ständerkopfmomente für linksseitige Lastenhäufung um mehr als das Doppelte größer werden.

Zu 7. Der gegebene Stockwerkrahmen ist mit w ton/m belastet; w sei so gegeben, daß $\frac{w h^2}{12} = 1$ wird.

Dann lautet die Differenzengleichung der S_ν:

$$\begin{aligned} 5S_0 + \quad S_1 &= -\ 5{,}0 \\ S_0 + 8S_1 + 1{,}2\,S_2 &= -10{,}2 \\ \vdots \quad & \quad \vdots \\ S_3 + 8S_4 \qquad &= -10{,}2 \end{aligned}$$

Um die Differenzengleichung der D_ν anschreiben zu können, muß man zunächst die Größen a und b ausrechnen.

Es ist

$$\begin{aligned} a &= 6\,[4\,(1{,}2 \cdot 20 - 2) + 10] = 588 \\ b &= 6\,(-2 + 1{,}2 \cdot 20) \qquad = 132 \end{aligned}$$

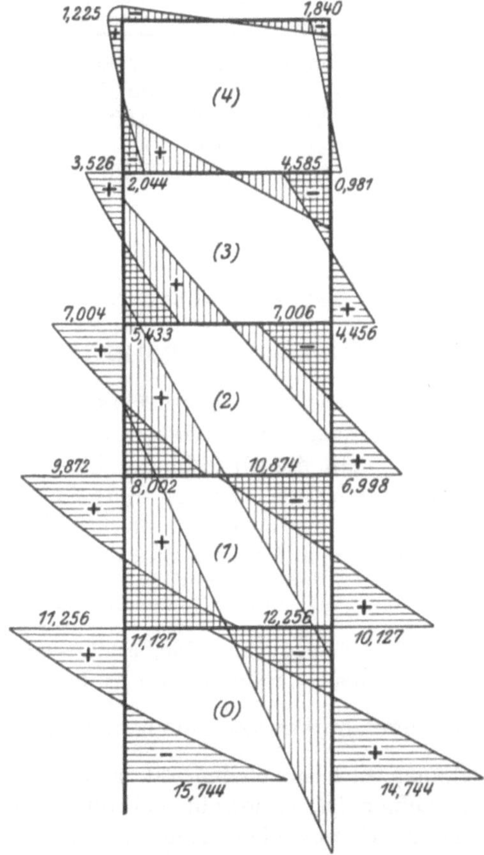

Abb. 15.

Damit lautet die Differenzengleichung der D_ν

$$\begin{aligned} -19{,}0\,D_0 + \qquad D_1 &= 558 \\ D_0 - 23{,}8\,D_1 + 1{,}2\,D_2 &= 456 \\ D_1 - 23{,}8\,D_2 + 1{,}2\,D_3 &= 324 \\ D_2 - 23{,}8\,D_3 + 1{,}2\,D_4 &= 192 \\ D_3 - 23{,}8\,D_4 \qquad\quad &= 60 \end{aligned}$$

Weiter ist

$$\bar{a} = -\frac{a}{6\psi\varkappa} = -\frac{588}{21,6} = -27,222$$

$$\bar{b} = -\frac{b}{6\psi\varkappa} = -\frac{132}{21,6} = -6,114$$

und man bekommt nun die D_ν durch Einsetzen der besonderen Zahlenwerte in die Lösung (49). Die Ergebnisse der Rechnung sind in der folgenden Tabelle und dem Momentenbild in Abbildung 15 zusammengestellt:

ν	S_ν	D_ν	$X_{a\nu}$	$X_{b\nu}$	Y_ν	$\overline{X}_{a\nu}$	$\overline{X}_{b\nu}$	
0	— 1,000	— 30,487	— 15,744	14,744	27,000	11,256	— 12,256	tm
1	— 1,000	— 21,253	— 11,127	10,127	21,001	9,872	— 10,874	tm
2	— 1,004	— 15,000	— 8,002	6,998	14,994	7,004	— 7,006	tm
3	— 0,977	— 8,889	— 5,433	4,456	9,041	3,526	— 4,585	tm
4	— 1,153	— 2,935	— 2,044	0,891	2,731	1.225	— 1,840	tm

Vierter Abschnitt.

Der Stockwerkrahmen mit konstanten Grundmaßen.

Zum Zwecke einer Vorbemessung wird es in vielen Fällen ausreichend sein, einen gegebenen Stockwerkrahmen unter der Voraussetzung zu berechnen, daß die Grundmaße λ und γ für alle Fache konstant angenommen werden. Dieses Berechnungsverfahren beschränkt sich nicht auf Tragwerke von unveränderlicher Fachhöhe, sondern erstreckt sich auch auf solche Stockwerkrahmen, bei denen die Fachhöhe verschieden ist; nur das Verhältnis $\frac{h}{J_a} = \gamma$ muß konstant sein; wenn also die größere Höhe eines Faches einhergeht mit einer schwereren Ausbildung des Querschnittes des betreffenden Ständers, wird $\frac{h}{J_a}$ trotzdem ungefähr konstant bleiben, und man wird die getroffene Voraussetzung auch in solchen Fällen als zulässig bezeichnen können. Im allgemeinen ist es sowohl bei durchlaufenden als auch bei Rahmenträgern überhaupt nicht richtig, von gleicher Stützweite oder gleicher Fachhöhe schlechthin zu sprechen, nachdem auch das Trägheitsmoment einen bedeutenden Einfluß auf die Größe der Momente und Querkräfte hat. Betrachtet man zwei durchlaufende Träger mit beliebiger Felderanzahl, so werden sie unter derselben äußeren Belastung dann von gleichen Momenten beansprucht sein, wenn je zwei entsprechende Felder nicht gleiche Feldweite, sondern gleiches Steifigkeitsverhältnis haben; man sollte daher nicht sprechen von durchlaufenden Trägern gleicher Stützweite, sondern von solchen gleichen Steifigkeitsverhältnisses $\frac{l}{J}$.

Ist λ und γ konstant, dann wird $\psi = \frac{\gamma}{\lambda} = \frac{h}{l}\frac{J_c}{J_a}$ und $\varkappa = 1$. Um für die einzelnen Belastungsfälle die nun geltenden Differenzengleichungen zu bekommen, wird man nur die Vereinfachung zu treffen haben, daß man $\varkappa = 1$ setzt. Dadurch entstehen in den Koeffizienten der Unbekannten symmetrisch gebaute, sogenannte Clapeyronsche Gleichungen, die in ihrer einfachsten Form vom durchlaufenden Träger gleichen Steifigkeitsverhältnisses her bekannt sind. Ein System Clapeyronscher Gleichungen kann immer als Differenzengleichung mit konstanten Koeffizienten aufgefaßt und ihre Lösung mit Hilfe hyperbolischer Funktionen auf eine einfachste Form gebracht werden.

Für die homogene Differenzengleichung

$$X_{\nu-1} + k X_\nu + X_{\nu+1} = 0$$

wurde die Lösung in der Form

$$X_\nu = (-1)^\nu C_1 r_1^{\,\nu} + (-1)^\nu C_2 r_2^{\,\nu}$$

bereits angeschrieben, worin r_1 und r_2 die absoluten Werte der Wurzeln der sogenannten „charakteristische Gleichung"

$$1 + k r + r^2 = 0$$

sind. Setzt man $k = e^\varphi + e^{-\varphi} = 2\,\mathfrak{Cof}\,\varphi$,

dann ist $r_1 = -e^\varphi$ und $r_2 = -e^{-\varphi}$

und $X_\nu = (-1)^\nu C_1 e^{\varphi\nu} + (-1)^\nu C_2 e^{-\varphi\nu}$

oder da lineare Kombinationen der partikulären Lösungen $(-1)^\nu e^{\varphi\nu}$ und $(-1)^\nu e^{-\varphi\nu}$ Lösungen der Differenzengleichungen bleiben, ist auch

$$X_\nu = (-1)^\nu C_1\,\mathfrak{Cof}\,\nu\varphi + (-1)^\nu C_2\,\mathfrak{Sin}\,\nu\varphi$$

eine Lösung. Die allgemeine Lösung einer inhomogenen Differenzengleichung ergibt sich, wenn man zur Lösung der homogenen ein partikuläres Integral der inhomogenen addiert.

1. Eigengewicht.

Ist g_ν in allen Fachen konstant und gleich g, hat man in Gleichung (36) $\varepsilon = 1$ und $\varkappa = 1$ zu setzen und erhält als Gleichungssystem der X_ν infolge Eigengewichts

$$\left.\begin{aligned} (2+\psi)\,X_0 + X_1 &= \frac{1}{12}\,g l^2 \\ X_0 + (4+\psi)\,X_1 + X_2 &= \frac{1}{4}\,g l^2 \\ X_{n-2} + (4+\psi)\,X_{n-1} + X_n &= \frac{1}{4}\,g l^2 \end{aligned}\right\} \quad . \quad . \quad . \quad (51)$$

Dieses Gleichungssystem ist eine Differenzengleichung zweiter Ordnung mit konstanten Koeffizienten, wenn man zunächst die nullte Gleichung streicht und dafür X_0 und X_n als Randwerte einführt. Für ein partikuläres Integral der Differenzengleichung

$$X_{\nu-1} + k X_\nu + X_{\nu+1} = a$$

hat man den Ansatz zu machen:

$$\xi_\nu = \bar{a}$$

und erhält durch Koeffizientenvergleichung

$$\bar{a} = \frac{a}{6 + \psi}$$

und damit die allgemeine Lösung

$$X_\nu = \bar{a} + (-1)^\nu C_1 \mathfrak{Cos}\, \nu\varphi + (-1)^\nu C_2 \mathfrak{Sin}\, \nu\varphi$$

mit den Randwerten X_0 und X_n, die durch die Stützenbedingungen des Tragwerks bestimmt sind. Damit ergibt sich

$$C_1 = X_0 - \bar{a}$$

$$C_2 = -\frac{\bar{a} + (X_0 - \bar{a})(-1)^n \mathfrak{Cos}\, n\varphi}{(-1)^n \mathfrak{Sin}\, n\varphi}$$

und schließlich als endgültige Form der allgemeinen Lösung

$$X_\nu = \bar{a} + (-1)^\nu (X_0 - \bar{a}) \frac{\mathfrak{Sin}\,(n-\nu)\varphi}{\mathfrak{Sin}\, n\varphi} - (-1)^{\nu-n} \bar{a} \frac{\mathfrak{Sin}\, \nu\varphi}{\mathfrak{Sin}\, n\varphi} \qquad (52)$$

Nun handelt es sich noch darum, X_0 zu berechnen:

$$X_1 = \bar{a} - (X_0 - \bar{a}) \frac{\mathfrak{Sin}\,(n-1)\varphi}{\mathfrak{Sin}\, n\varphi} - (-1)^{1-n} \bar{a} \frac{\mathfrak{Sin}\, \varphi}{\mathfrak{Sin}\, n\varphi} \quad . \quad . \quad (52\,a)$$

Eine zweite Gleichung zwischen X_0 und X_1 liefert die gestrichene Gleichung des Systems (51); daraus ist

$$X_1 = \frac{1}{12} g l^2 - (2 + \psi) X_0.$$

Durch Gleichsetzen der beiden Ausdrücke für X_1 erhält man eine Beziehung, in der nur X_0 vorkommt; daraus ist

$$X_0 = \frac{\frac{1}{12} g l^2 - \frac{g l^2}{4(6+\psi)} \left[1 + (-1)^n \frac{\mathfrak{Sin}\, \varphi}{\mathfrak{Sin}\, n\varphi} + \frac{\mathfrak{Sin}\,(n-1)\varphi}{\mathfrak{Sin}\, n\varphi}\right]}{(2+\psi) - \frac{\mathfrak{Sin}\,(n-1)\varphi}{\mathfrak{Sin}\, n\varphi}} \qquad (53)$$

Sind die Ständerfußmomente X_ν bekannt, so lassen sich mit Hilfe der Formel (6a) die Y_ν berechnen. Führt man die konstanten Grundmaße ein, dann wird

$$Y_\nu = \frac{3}{3 + 2\psi} \left[\frac{\Phi_{c\nu}}{1} + (1+\psi) X_\nu - X_{\nu+1}\right] \quad . \quad . \quad . \quad (54)$$

Das Moment an einer beliebigen Stelle des ν-ten Ständers ist $M^y_{a\nu} = X_\nu - H_\nu y$; die Ständerkopfmomente ergeben sich daraus, wenn man $y = h$ setzt. Bezeichnet man dieselben wieder mit $\overline{X}_\nu$, bekommt man $\overline{X}_\nu = X_\nu - Y_\nu$.

2. Maximale Ständerfußmomente.

Um zu erkennen, welche Fache mit Nutzlast zu belasten sind, um irgendein Ständerfußmoment zu einem Maximum oder Minimum zu machen, muß man den Vorzeichenverlauf der X_ν für die Belastung jedes einzelnen Faches allein beobachten.

a) Nur der nullte Riegel sei mit Nutzlast p ton/m belastet; dann lautet die zugehörige Differenzengleichung

$$(2+\psi)\,X_0 + X_1 = \frac{1}{12}\,p\,l^2$$

$$X_0 + (4+\psi)\,X_1 + X_2 = \frac{1}{6}\,p\,l^2$$

$$X_1 + (4+\psi)\,X_2 + X_3 = 0.$$

Nimmt man X_1 als vorläufig bekannt an, dann ist

$$X_\nu = -(-1)^\nu \frac{\mathfrak{Sin}\,(n-\nu)\,\varphi}{\mathfrak{Sin}\,(n-1)\,\varphi}\cdot X_1 \quad \text{für} \quad \nu > 1.$$

X_0 und X_1 können aus den ersten zwei Gleichungen mit Hilfe der Lösung X_ν für $\nu = 2$ bestimmt werden. Für $n = 5$ sind die ermittelten Vorzeichen der X_ν in der später folgenden Vorzeichentabelle zusammengestellt.

b) Nur der erste Riegel ist mit p ton/m belastet; dann verschieben sich die beiden Belastungsglieder $\frac{1}{12}\,p\,l^2$ und $\frac{1}{6}\,p\,l^2$ im Gleichungssystem der X_ν um eine Zeile nach unten und die Lösung des homogenen Teiles des Systems lautet bei vorläufiger Annahme von X_2 als bekannt

$$X_\nu = (-1)^\nu \frac{\mathfrak{Sin}\,(n-\nu)\,\varphi}{\mathfrak{Sin}\,(n-2)\,\varphi}\cdot X_2 \quad \text{für} \quad \nu > 2.$$

Wird die Rechnung weitergeführt, ergeben sich für die einzelnen Reihen von X_ν folgende Vorzeichen:

ν	0. Riegel belastet	1. Riegel belastet	2. Riegel belastet	3. Riegel belastet	4. Riegel belastet
0	+	—	+	—	+
1	+	+	—	+	—
2	—	+	+	—	+
3	+	—	+	+	—
4	—	+	—	+	+

Aus dieser Tabelle erkennt man ohne weiteres, daß man, um zum Beispiel X_0 zu einem Maximum zu machen, alle jene Riegel zu belasten hat, die einen positiven Beitrag zu X_0 geben: also den nullten und von da ab jeden zweiten; für X_0 gibt daher abwechselnde Belastung in den einzelnen Fachen die extremen Werte.

$$\Phi_0 = \Phi_2 = \Phi_4 = \ldots\ldots = \frac{1}{12} p\, l^2, \quad \Phi_1 = \Phi_3 = \Phi_5 = \ldots\ldots = 0$$

dann ist

$$\left.\begin{aligned} (2+\psi)\, X_0 + X_1 &= \frac{1}{12} p\, l^2 \\ X_0 + (4+\psi)\, X_1 + X_2 &= \frac{1}{6} p\, l^2 \\ X_1 + (4+\psi)\, X_2 + X_3 &= \frac{1}{12} p\, l^2 \\ X_2 + (4+\psi)\, X_3 + X_4 &= \frac{1}{6} p\, l^2 \end{aligned}\right\} \quad \ldots\ldots \quad (55)$$

Um zu einfacher gebauten Belastungsgliedern zu gelangen, soll von den rechten Seiten der obigen Differenzengleichung ein unveränderlicher Belastungswert von der Größe $\frac{1}{12} p\, l^2$ abgespalten werden; er entspricht einem Belastungsfalle, in welchem alle Fache mit $\frac{p}{3}$ belastet erscheinen; die zugehörige Differenzengleichung lautet:

$$\begin{aligned} (2+\psi)\, X_0 + X_1 &= \frac{1}{36} p\, l^2 \\ X_0 + (4+\psi)\, X_1 + X_2 &= \frac{1}{12} p\, l^2 \\ & \\ X_{n-2} + (4+\psi)\, X_{n-1} + X_n &= \frac{1}{12} p\, l^2. \end{aligned}$$

Die Lösung für dieses Gleichungssystem ist bekannt. Um den Belastungszustand „alle Fache mit $\frac{p}{3}$ belastet" in den ursprünglichen „nur alle geraden Fache mit p belastet" zurückzuführen, muß man zum ersten Belastungszustand einen dritten überlagern, in welchem jedes gerade Fach mit $+\frac{2}{3} p$, jedes ungerade Fach mit $-\frac{1}{3} p$ belastet erscheint. Dieser Belastungszustand soll als Belastungszustand III bezeichnet werden. Für diesen dritten Belastungszustand kann die zugehörige Differenzengleichung folgendermaßen angeschrieben werden:

$$(2+\psi)X_0 + X_1 = \frac{1}{18}pl^2$$

$$X_0 + (4+\psi)X_1 + X_2 = \frac{1}{12}pl^2$$

$$X_1 + (4+\psi)X_2 + X_3 = 0$$

$$X_2 + (4+\psi)X_3 + X_4 = \frac{1}{12}pl^2$$

$$= 0.$$

Abgesehen von der ersten Gleichung des Systems, die bei der Auflösung sonst gestrichen werden muß, wechselt die Belastungsgröße $\frac{1}{12}pl^2$ regelmäßig mit Null; um eine Lösung für diese Differenzengleichung ermitteln zu können, braucht man zunächst einen analytischen Ausdruck für das Gesetz in den Belastungsgliedern. Dafür kann man anschreiben

$$B_\nu = 2a\,\frac{1+(-1)^{\nu-1}}{2}$$

für $= 1, 3, 5, \ldots\ldots$ wird $B_\nu = 2a$

für $= 0, 2, 4,$ wird $B_\nu = 0,$

so daß das ν-te Glied obiger Differenzengleichung nun lautet:

$$X_{\nu-1} + (4+\psi)X_\nu + X_{\nu+1} = a\left[1+(-1)^{\nu-1}\right]$$

für eine partikuläre Lösung derselben hat man den Ansatz zu machen

$$\xi_\nu = \bar{a} + \bar{b}(-1)^{\nu-1}$$

und durch Koeffizientenvergleichung ergibt sich

$$\bar{a} = \frac{a}{6+\psi},\quad \bar{b} = \frac{a}{2+\psi}$$

so daß sich die allgemeine Lösung folgendermaßen darstellt:

$$X_\nu = \bar{a} + (-1)^{\nu-1}\bar{b} + (-1)^\nu C_1 \mathfrak{Cof}\,\nu\varphi + (-1)^\nu C_2 \mathfrak{Sin}\,\nu\varphi.$$

Die Integrationskonstanten C_1 und C_2 bestimmen sich aus den Stützenbedingungen mit Hilfe der Randwerte X_0 und X_n. Es ist

$$C_1 = X_0 + \frac{4a}{(2+\psi)(6+\psi)}$$

$$C_2 = -\frac{(-1)^n}{\mathfrak{Sin}\,n\varphi}\left[\bar{a} + (-1)^{n-1}\bar{b} + \frac{4a}{(2+\psi)(6+\psi)}\cdot(-1)^n\mathfrak{Cof}\,n\varphi\right] - - X_0\cdot\frac{\mathfrak{Cof}\,n\varphi}{\mathfrak{Sin}\,n\varphi}.$$

Nach Einsetzen der Konstanten erhält man schließlich als endgültige Form der Lösung X_ν

$$X_\nu = \bar{a} + (-1)^{\nu-1}\bar{b} + (-1)^\nu \left[X_0 + \frac{4a}{(2+\psi)(6+\psi)}\right] \frac{\mathfrak{Sin}\,(n-\nu)\varphi}{\mathfrak{Sin}\,n\varphi} -$$

$$-(-1)^{\nu-n} \frac{a}{(2+\psi)(6+\psi)} \left[(2+\psi) + (-1)^{n-1}(6+\psi)\right] \frac{\mathfrak{Sin}\,\nu\varphi}{\mathfrak{Sin}\,n\varphi} \qquad (56)$$

ein Ausdruck, mit dem sich trotz seiner Länge leicht rechnen läßt, wie später an einem Beispiele gezeigt werden soll.

Will man ein beliebiges Ständerfußmoment zu einem Maximum machen, so hat man allgemein den $(\nu-1)$-ten und den ν-ten Riegel zu belasten und von da ab nach oben und unten jedes zweite Fach; man braucht nur in die Vorzeichentabelle für einen bestimmten Wert von ν in horizontaler Richtung einzugehen und alle jene Riegel zu belasten, die man mit einem positiven Vorzeichen antrifft.

Es soll z. B. X_2 zu einem Maximum gemacht werden; dann sind der erste, zweite, vierte und alle noch folgenden mit geraden Index bezeichneten Riegel mit p zu belasten, der nullte, der dritte und alle anderen ungeraden Riegel sind unbelastet zu lassen. Dann lautet die zugehörige Differenzengleichung:

$$(2+\psi)X_0 + X_1 = 0$$

$$X_0 + (4+\psi)X_1 + X_2 = \frac{1}{12}p\,l^2$$

$$X_1 + (4+\psi)X_2 + X_3 = \frac{1}{4}p\,l^2$$

$$X_2 + (4+\psi)X_3 + X_4 = \frac{1}{6}p\,l^2$$

$$X_3 + (4+\psi)X_4 + X_5 = \frac{1}{12}p\,l^2$$

$$= \frac{1}{6}p\,l^2.$$

Die Belastungsglieder folgen zunächst keinem bestimmten Gesetze; doch kann man dieselben so aufspalten, daß sich Teilsysteme ergeben, die eine rasche Lösung durch Integration ermöglichen. Der besseren Übersicht halber sei dasselbe in Form einer Tabelle durchgeführt:

ν	Belastungs-glieder	1. System	Rest	2. System	3. System
0	0	0	0	0	0
1	$\frac{1}{12}p\,l^2$	$\frac{1}{12}p\,l^2$	0	$\frac{1}{12}p\,l^2$	$-\frac{1}{12}p\,l^2$
2	$\frac{1}{4}p\,l^2$	$\frac{1}{12}p\,l^2$	$\frac{1}{6}p\,l^2$	0	$\frac{1}{6}p\,l^2$

ν	Belastungsglieder	1. System	Rest	2. System	3. System
3	$\frac{1}{6}pl^2$	$\frac{1}{12}pl^2$	$\frac{1}{12}pl^2$	$\frac{1}{12}pl^2$	0
4	$\frac{1}{12}pl^2$	$\frac{1}{12}pl^2$	0	0	0
5	$\frac{1}{6}pl^2$	$\frac{1}{12}pl^2$	$\frac{1}{12}pl^2$	$\frac{1}{12}pl^2$	0

Das erste System ist, wenn man von der ersten Gleichung absieht, ein solches mit konstanten Belastungsgliedern, dessen Lösung die Form hat:

$$X_\nu = \bar{a} + (-1)^\nu (X_0 - \bar{a}) \frac{\mathfrak{Sin}(n-\nu)\varphi}{\mathfrak{Sin}\, n\varphi} - \bar{a}(-1)^{\nu-n} \frac{\mathfrak{Sin}\, \nu\varphi}{\mathfrak{Sin}\, n\varphi}.$$

Das zweite System hat Belastungsglieder, deren gesetzmäßiger Veränderlichkeit der analytische Ausdruck $B_\nu = a(1 + (-1)^\nu)$, wenn alle ungeraden B_ν gleich Null sind und $B_\nu = a(1 + (-1)^{\nu-1})$, wenn alle geraden B_ν gleich Null sind, entspricht. Die Integration lieferte für den zweiten Fall „gerade B_ν geben Null" den Ausdruck

$$X_\nu = \bar{a} + \bar{b}(-1)^{\nu-1} + (-1)^\nu \left[X_0 + \frac{4a}{(2+\psi)(6+\psi)}\right] \frac{\mathfrak{Sin}(n-\nu)\varphi}{\mathfrak{Sin}\, n\varphi} -$$

$$- (-1)^{\nu-n} \frac{a}{(2+\psi)(6+\psi)} [(2+\psi) + (-1)^{n-1}(6+\psi)] \frac{\mathfrak{Sin}\, \nu\varphi}{\mathfrak{Sin}\, n\varphi}.$$

Das dritte System ist ebenfalls bekannt und leicht lösbar dadurch, daß es bis auf zwei Gleichungen homogen ist, die die Bestimmung der Randwerte des homogenen Teiles ermöglichen. Sind die X_ν bekannt, bereitet die Berechnung des Momentenverlaufes keine Schwierigkeiten mehr.

Um ein beliebiges Ständerfußmoment zu einem Minimum zu machen, sind diejenigen Riegel zu belasten, die man bei horizontalem Eingehen in die Vorzeichentabelle mit einem negativen Vorzeichen antrifft. Es wird immer ein solcher Belastungsfall für min X_ν maßgebend sein, der für dasselbe ν den Belastungszustand max X_ν zu totaler Belastung ergänzt.

3. Minimale Ständerkopfmomente.

Das Ständerkopfmoment ergibt sich mit $\overline{X}_\nu = X_\nu - Y_\nu$, wobei

$$Y_\nu = \frac{3}{3+2\psi}\left[\frac{\Phi_{c\nu}}{l} + (1+\psi) X_\nu - X_{\nu-1}\right];$$

setzt man ein, so erhält man

$$\overline{X}_\nu = -\frac{\psi}{3+2\psi} X_\nu + \frac{3}{3+2\psi} X_{\nu+1} - \frac{3}{3+2\psi} \cdot \frac{\Phi_{c\nu}}{1}.$$

Um $\overline{X}_\nu$ zu einem Minimum zu machen, kommen zwei Möglichkeiten in Betracht: entweder man belastet das Tragwerk nach max X_ν oder nach min $X_{\nu+1}$; von diesen beiden Belastungszuständen wird derjenige der maßgebende sein, der $\Phi_{c\nu}$ enthält.

Für max X_ν ist zu belasten der $(\nu-1)$-te und der ν-te Riegel,

" min $X_{\nu+1}$ " " " " $(\nu-1)$-te " " $(\nu+2)$-te "

Der Belastungszustand für min $X_{\nu+1}$ enthält $\Phi_{c\nu}$ nicht, daher kommt er nicht in Frage und man kann sagen, daß der Belastungszustand, der X_ν zu einem Maximum macht, $\overline{X}_\nu$ zu einem Minimum macht und umgekehrt.

4. Unsymmetrische Belastung aller Riegel.

Alle Fache seien mit p ton/m links halbelastet; man bekommt die Differenzengleichungen der S_ν und D_ν, wenn man in den unter 3. des III. Abschnittes abgeleiteten Gleichungen $\varkappa = 1$ setzt. Daher lautet die Differenzengleichung der S_ν

$$\left.\begin{aligned} (2+\psi) S_0 + S_1 &= \frac{1}{12} p l^2 \\ S_0 + (4+\psi) S_1 + S_2 &= \frac{1}{4} p l^2 \\ &\;\;\vdots \\ S_{n-2} + (4+\psi) S_{n-1} + S_n &= \frac{1}{4} p l^2 \end{aligned}\right\} \quad \ldots\ldots (57)$$

ihre Lösung ist bekannt. Für die Differenzengleichung der D_ν bekommt man

$$\left.\begin{aligned} -(1+6\psi) D_0 + D_1 &= \frac{1}{32} p l^2 \\ D_0 - 2(1+3\psi) D_1 + D_2 &= 0 \end{aligned}\right\} \quad \ldots\ldots (58)$$

Dieselbe ist, abgesehen von der nullten Gleichung homogen, mit den Randwerten D_0 und $D_n = 0$; ihre Lösung kann man folgendermaßen anschreiben

$$D_\nu = C_1 \operatorname{Cof} \nu\varphi + C_2 \operatorname{Sin} \nu\varphi.$$

Da die charakteristische Gleichung $1-(2+6\psi) r + r^2 = 0$ wegen des negativen Vorzeichens des mittleren Gliedes nur zwei positive Wurzeln hat, entfällt in der Lösung für D_ν der Wechsel des Vorzeichens. Bei Einführung der gegebenen Randwerte ist

$$C_1 = D_0$$
$$C_2 = -\frac{\mathfrak{Cof}\, n\varphi}{\mathfrak{Sin}\, n\varphi} \cdot D_0$$

und man bekommt schließlich die endgültige Form der Lösung D_ν

$$D_\nu = D_0 \cdot \frac{\mathfrak{Sin}\,(n-\nu)\,\varphi}{\mathfrak{Sin}\, n\varphi} \quad \ldots \ldots \quad (59)$$

In der charakteristischen Gleichung überwiegt gewöhnlich der mittlere Koeffizient bedeutend über die äußeren; für $D_0 = +1$ werden daher die D_ν sehr rasch gegen Null konvergieren, weil $\mathfrak{Sin}\, n\varphi = \frac{1}{2} e^{n\varphi}$ einen sehr großen Wert erreicht. Die D_ν können folglich bei üblicher Genauigkeit vom zweiten Fache gleich Null gesetzt werden; dies hat zur Folge, daß der Momentenverlauf in den Ständern trotz halbseitiger Belastung bald wieder symmetrisch wird.

5. Belastung mit einer Einzellast im r-ten Fache.

Die Last P greift im Abstande x von der linken Stütze an. Dann lautet die Differenzengleichung der S_ν und die der D_ν ähnlich wie die im III. Abschnitte unter 4. abgeleiteten Gleichungen, wenn man $\varkappa = 1$ setzt. Was die Lösung anbetrifft, gelten dieselben Überlegungen, die dort angegeben wurden; nur hat man S_ν oder D_ν für $\nu > (r+1)$ nach der Beziehung

$$S_\nu = (-1)^{\nu-(r+1)} \frac{\mathfrak{Sin}\,(n-\nu)\,\varphi}{\mathfrak{Sin}\,[n-(r+1)\,\varphi]} \cdot S_{r+1}$$

zu bestimmen und für $0 < \nu < r$ ergibt sich

$$S_\nu = (-1)^\nu S_0 \frac{\mathfrak{Sin}\,(r-\nu)\,\varphi}{\mathfrak{Sin}\, r\varphi} + (-1)^{\nu-r} S_\nu \frac{\mathfrak{Sin}\,\nu\varphi}{\mathfrak{Sin}\, r\varphi}.$$

6. Wagrechte symmetrische Belastung.

(Erddruck von beiden Seiten.)

Unter denselben Voraussetzungen, die im III. Abschnitte gemacht wurden, kann die Differenzengleichung für diesen Belastungsfall als bekannt gelten und es erübrigt sich hier, die Lösung derselben für einen konstanten Verlauf der Grundmaße anzugeben. Die Differenzengleichung ist nach folgendem Schema gebaut:

$$X_{\nu-1} + (4+\psi)\, X_\nu + X_{\nu+1} = a - b\nu \quad \text{für} \quad 0 < \nu \leqq r.$$

Für die allgemeine Lösung kann man daher anschreiben

$$X_\nu = \bar{a} - \bar{b}\nu + (-1)^\nu C_1 \mathfrak{Cof}\,\nu\varphi + (-1)^\nu C_2 \mathfrak{Sin}\,\nu\varphi$$

wenn

$$\bar{a} = \frac{a}{6+\psi}, \quad \bar{b} = \frac{b}{6+\psi}.$$

Sind X_0 und X_{r+1} die vorläufig unbekannten Randwerte, bestimmen sich die Integrationskonstanten C_1 und C_2 mit

$$C_1 = X_0 - \frac{a}{6+\psi}$$

$$C_2 = \frac{X_{r+1} - (-1)^{r+1} X_0 \mathfrak{Cof}(r+1)\varphi + \bar{a}(-1)^{r+1}\mathfrak{Cof}(r+1)\varphi - [\bar{a} - \bar{b}(r+1)]}{(-1)^{r+1}\mathfrak{Sin}(r+1)\varphi}$$

und die allgemeine Lösung hat schließlich folgende Form

$$X_\nu = \bar{a} - \bar{b}\nu + (X_0 - \bar{a})(-1)^\nu \frac{\mathfrak{Sin}(r+1-\nu)\varphi}{\mathfrak{Sin}(r+1)\varphi} -$$

$$-(-1)^{\nu-(r+1)}[\bar{a} - \bar{b}(r+1) - X_{r+1}] \cdot \frac{\mathfrak{Sin}\,\nu\varphi}{\mathfrak{Sin}(r+1)\varphi} \qquad (60)$$

Für $\nu \geqq (r+2)$ ist die Differenzengleichung der X_ν homogen, hat die Randwerte X_{r+1} und $X_n = 0$ und X_ν ist

$$X_\nu = (-1)^{\nu-(r+1)} \frac{\mathfrak{Sin}(n-\nu)\varphi}{\mathfrak{Sin}[n-(r+1)]\varphi} \cdot X_{r+1} \qquad (60a)$$

Die Berechnung der unbekannten Randwerte ist im III. Abschnitte angegeben worden.

7. Unsymmetrische wagrechte Belastung.

(Einzellast W an der obersten Ecke.)

Für diesen Belastungsfall sind alle S_ν gleich Null und die Differenzengleichung der D_ν lautet nach (46)

$$-(1+6\psi)D_0 + D_1 = W \cdot h(1+3\psi)$$

$$D_0 - 2(1+3\psi)D_1 + D_2 = W \cdot h \cdot 3\psi$$

$$D_{n-2} - 2(1+3\psi)D_{n-1} + D_n = W \cdot h\, 3\psi.$$

Das Belastungsglied des Gleichungssystems der D_ν ist konstant, das heißt, die Momente $X_{a\nu}$ und $X_{b\nu}$ bewegen sich alle in derselben Größenlage; ein Ergebnis, das zunächst überrascht. Man würde eher erwarten, daß nach der Analogie beim Kragträger eine wesentliche Zunahme der Momente nach unten eintritt. Einen solchen Rahmenträger als Kragträger im gewöhnlichen Sinne aufzufassen, ist aber nicht zulässig; schon der Verlauf der $\mathfrak{M}$ zeigt dies. Das Moment der äußeren Belastung $W\nu h$, das auf den Kragträger im Abstande νh von oben wirkt, wird durch den darüber befindlichen Rahmen in ein Kräftepaar $+\frac{W\nu h}{l}$ und $-\frac{W\nu h}{l}$ aufgelöst, das nur Längskräfte in den Ständern erzeugt. Für wagrechte Belastung ermöglicht daher ein Stockwerkrahmen eine sehr sparsame Bemessung des Querschnittes.

8. Belastung mit einer wagrechten längs des Ständers gleichmäßig verteilten Last.

(Wind von links.)

Die Differenzengleichung der S_ν lautet für $\varkappa = 1$ nach (47)

$$\left.\begin{aligned} (2+\psi)\,S_0 + S_1 &= -\frac{w\,h^2}{12}\cdot(3+\psi) \\ S_0 + (4+\psi)\,S_1 + S_2 &= -\frac{w\,h^2}{12}(6+\psi) \\ &\;\vdots \\ S_{n-2} + (4+\psi)\,S_{n-1} + S_n &= -\frac{w\,h^2}{12}(6+\psi) \end{aligned}\right\} \quad . \quad . \quad (61)$$

und die der D_ν

$$\left.\begin{aligned} -(1+6\,\psi)\,D_0 + D_1 &= \frac{w\,h^2}{2}[(n-1)(2+6\psi)+(1+4\psi)] \\ D_0 - 2\,(1+3\,\psi)\,D_1 + D_2 &= \frac{w\,h^2}{2}[(n-2)\cdot 6\,\psi + (4\,\psi - 2)] \\ &\;\vdots \\ D_{\nu-1} - 2\,(1+3\,\psi)\,D_\nu + D_{\nu+1} &= \frac{w\,h^2}{2}[(n-\nu-1)\cdot 6\,\psi + (4\psi - 2)] \\ D_{n-2} - 2\,(1+3\,\psi)\,D_{n-1} + D_n &= \frac{w\,h^2}{2}(4\,\psi - 2) \end{aligned}\right\} \quad (62)$$

Ihre Lösung ergibt sich folgendermaßen:

$$D_\nu = \bar{a} - \bar{b}\,\nu + (D_0 - \bar{a})\frac{\mathfrak{Sin}\,(n-\nu)\,\varphi}{\mathfrak{Sin}\,n\,\varphi} - (\bar{a} - \bar{b}\,n)\cdot\frac{\mathfrak{Sin}\,\nu\,\varphi}{\mathfrak{Sin}\,n\,\varphi} \quad (63)$$

wenn

$$\bar{a} = -\frac{w\,h^2}{12\,\psi}[(6\,n-2)\,\psi - 2]$$

$$\bar{b} = -\frac{w\,h^2}{2}.$$

Die Berechnung des Momentenverlaufes macht damit keine Schwierigkeiten mehr.

Beispiel.

Der fünffachige Stockwerkrahmen von früher sei wieder gegeben, nur seien die Trägheitsmomente aller Ständer gleich dem des nullten Faches J_{ao}; es war $h = 4{,}5$ m, $l = 6{,}0$ m, $\frac{J_{co}}{J_{ao}} = 4$, dann ist $\psi = \frac{4{,}5}{6{,}0}\cdot 4 = 3$, $k = 4 + \psi = 7 = 2\,\mathfrak{Cof}\,\varphi$.

φ ergibt sich nun aus der hyperbolischen Tafel mit $\varphi = 1{,}925$. Damit bekommt man

ν	1	2	3	4	5
$\nu\,\varphi$	1,925	3,850	5,775	7,700	9,625
$\mathfrak{Sin}\,\nu\,\varphi$	3,350	23,486	161,078	1104,15	7599,

Die hyperbolischen Tafeln reichen in den gebräuchlichen Formelsammlungen bis 5,99; für größere Argumente kann man $\mathfrak{Sin}\,\varphi = \frac{1}{2}\,e^{\varphi}$ setzen, ohne Beeinträchtigung der notwendigen Genauigkeit der Rechnung. Es ist z. B. $\mathfrak{Sin}\,5{,}99 = 199{,}706$; $\frac{1}{2}\,e^{\varphi}$ ergibt logarithmisch gerechnet den Wert 199,705; der Fehler ist daher nicht größer als ein Tausendstel. Übrigens sind neuerdings fünfstellige Tafeln der Kreis- und Hyperbelfunktionen e^x und e^{-x} von Dr. Ing. K. Hayashi erschienen (Berlin und Leipzig 1921), die bis 10 reichen.

Zunächst soll untersucht werden, wie sich ein Moment $X_0 = +1$ in diesem Stockwerkrahmen fortpflanzt, wie weit der Einfluß desselben bei üblicher Genauigkeit berücksichtigt werden muß. Das Gleichungssystem (51) geht über in die homogene Differenzengleichung $X_{\nu-1} + k\,X_\nu + X_{\nu+1} = 0$ mit den Randwerten $X_0 = +1$ und $X_n = 0$. Ihre Lösung ist $X_\nu = (-1)^\nu \frac{\mathfrak{Sin}\,(n-\nu)\,\varphi}{\mathfrak{Sin}\,n\,\varphi}$, absolut genommen ist daher X_ν dem $\mathfrak{Sin}\,[(n-\nu)\,\varphi]$ proportional; das bedeutet eine sehr rasche Konvergenz der X_ν, wenn φ größer als 1 ist, was in allen praktisch vorkommenden Fällen erfüllt sein wird. Nun ist

$$X_1 = -\frac{\mathfrak{Sin}\,4\,\varphi}{\mathfrak{Sin}\,5\,\varphi} = -0{,}145 \text{ tm} \qquad 14{,}5\,\% \text{ von } X_0 = +1$$

$$X_2 = +\frac{\mathfrak{Sin}\,3\,\varphi}{\mathfrak{Sin}\,5\,\varphi} = +0{,}021 \text{ tm} \qquad 2{,}1\,\% \text{ von } X_0 = +1$$

$$X_3 = -\frac{\mathfrak{Sin}\,2\,\varphi}{\mathfrak{Sin}\,5\,\varphi} = -0{,}003 \text{ tm} \qquad 0{,}3\,\% \text{ von } X_0 = +1$$

$$X_4 = +\frac{\mathfrak{Sin}\,\varphi}{\mathfrak{Sin}\,5\,\varphi} = +0{,}0004 \text{ tm} \qquad 0{,}04\,\% \text{ von } X_0 = +1.$$

Daraus ist ersichtlich, daß die Konvergenz der X_ν derartig rasch geschieht, daß man den Einfluß einer äußeren Belastung nach oben und unten über höchstens zwei Fache zu verfolgen hat.

Zu 1. Alle Fache des gegebenen Stockwerkrahmens seien mit $g = 1{,}5$ t/m total belastet. Es ist $\frac{1}{4}\,g\,l^2 = 13{,}5$, $\frac{1}{12}\,g\,l^2 = 4{,}5$.

Damit lautet die Differenzengleichung der X_ν

$$\begin{aligned} 5\,X_0 + X_1 &= 4{,}5 \\ X_0 + 7\,X_1 + X_2 &= 13{,}5 \\ &\;\;\vdots \\ X_3 + 7\,X_4 &= 13{,}5 \end{aligned}$$

Weiter erhält man $\bar{a} = \frac{a}{6+\psi} = \frac{13{,}5}{9} = 1{,}5$ und schließlich ist

$$X_0 = \frac{4{,}5 - 1{,}5\,(1 - 0{,}0004 + 0{,}145)}{5 - 0{,}145} = \frac{2{,}783}{4{,}855} = 0{,}573 \text{ tm}$$

$$X_1 = 1{,}5 - (0{,}573 - 1{,}5)\,0{,}145 - 1{,}5 \cdot 0{,}0004 = 1{,}634 \text{ tm}$$

$$X_2 = 1{,}5 - 0{,}927 \cdot 0{,}021 + 1{,}5 \cdot 0{,}003 = 1{,}485 \text{ tm}$$

$$X_3 = 1{,}5 + 0{,}927 \cdot 0{,}003 - 1{,}5 \cdot 0{,}021 = 1{,}471 \text{ tm}$$

$$X_4 = 1{,}5 - 0{,}927 \cdot 0{,}0004 + 1{,}5 \cdot 0{,}145 = 1{,}716 \text{ tm}.$$

Man sieht aus den berechneten Werten, daß die Kurve der X_ν zwei Maxima hat; dies rührt davon her, daß sie als Einhüllende mehrerer übereinander gelagerter hyperbolischer Sinusfunktionen zustande kommt. Eine wertvolle Kontrolle für die Zahlenwerte ist immer die notwendige Erfüllung der Differenzengleichung $X_{\nu-1} + 7\,X_\nu + X_{\nu+1} = 13{,}5$. Die weitere Berechnung des Momentenverlaufes bietet nichts mehr von Belang; ihre Ergebnisse sind in der folgenden Tabelle zusammengestellt; zum Vergleiche sind die Momente eines Stockwerkrahmens mit veränderlichem Trägheitsmoment bei $\varkappa = 1{,}2$ unter derselben Belastung beigefügt:

ν	konst. J X_ν	variabl. J X_ν	konst. J Y_ν	variabl. J Y_ν	konst. J $\overline{X}_\nu$	variabl. J $\overline{X}_\nu$	konst. J $M^a_{c\nu}$	variabl. J $M^a_{c\nu}$
0	0,573	0,597	1,719	1,791	— 1,146	— 1,194	— 2,780	— 2,709
1	1,634	1,515	3,184	3,052	— 1,550	— 1,537	— 3,035	— 2,940
2	1,485	1,403	2,990	2,911	— 1,505	— 1,508	— 2,976	— 2,888
3	1,471	1,380	2,889	2,798	— 1,418	— 1,418	— 3,134	— 3,045
4	1,716	1,627	3,788	3,669	— 2,072	— 2,042	— 2,072	— 2,042

Durch die Berücksichtigung des veränderlichen Trägheitsmomentes ergeben sich kleinere Momente in den Rahmenständern und Rahmenecken, dafür werden die positiven Feldmomente in den Riegelmitten größer, d. h. daß man bei der Annahme eines konstanten Trägheitsmomentes für die Ständer zu günstig und für die Riegel zu ungünstig rechnet.

Was die im II. Abschnitt an derselben Stelle angegebenen Rechenproben anbetrifft, so gestalten sich diese bei unveränderlichen Grundmaßen recht einfach; die Rechenprobe über den Umfangsrahmen lautet:

$$\psi \sum_{0}^{n-1} (X_\nu + \overline{X}_\nu) + M^a_{c\,n-1} + \Phi_{c\,n-1} = 0;$$

für das gegebene Beispiel ist

$$3 \cdot (6{,}879 - 7{,}691) - 2{,}072 + 4{,}5 = -4{,}508 + 4{,}500.$$

Zur Aufsuchung eines etwaigen Fehlers können dann die Bedingungen benützt werden, daß in jedem geschlossenen Fache des Stockwerkrahmens ein Momentenausgleich vorhanden sein muß, nur sind die Momente des unteren Riegels mit entgegengesetzten Vorzeichen in die Rechnung einzuführen.

Zu 2. Für alle Fache sei eine zufällige Last von $p = 3$ tm vorgeschrieben. X_0 sei zu einem Maximum zu machen.

Die Resultate der Rechnung sind in der folgenden Tabelle zusammengestellt worden:

ν	Belastungszustand III	Alle Fache mit $\frac{p}{3}$ belastet	Jedes gerade Fach mit p belastet	Alle Fache mit p belastet
0	+ 0,959	+ 0,382	+ 1,341	+ 1,146 tm
1	+ 1,205	+ 1,089	+ 2,294	+ 3,268 tm
2	— 0,368	+ 0,990	+ 0,622	+ 2,970 tm
3	+ 1,369	+ 0,981	+ 2,350	+ 2,942 tm
4	— 0,197	+ 1,144	+ 0,947	+ 3,432 tm

Zum Vergleiche sind in dieser Tabelle jene Werte von X_ν beigefügt worden, welche entstehen, wenn alle Fache mit $p = 3$ tm belastet sind und man sieht, daß bei abwechselnder Belastung für X_0 ein größerer Wert resultiert als bei totaler Belastung des Stockwerkrahmens.

Nun soll X_2 zu einem Maximum gemacht werden. Die X_ν für die drei Teilsysteme wurden nach den angegebenen Formeln bestimmt und sind in der folgenden Tabelle zusammengestellt:

ν	System 1	System 2	System 3	Summe X_ν	Y_ν	$\overline{X}_\nu$	Totale Belastung X_ν
0	− 0,236	− 0,276	+ 0,349	− 0,163	− 0,489	+ 0,326	+ 1,146 tm
1	+ 1,180	+ 1,380	− 1,745	+ 0,815	+ 2,937	− 2,122	+ 3,268 tm
2	+ 0,977	− 0,394	+ 2,866	+ 3,459	+ 6,954	− 3,505	+ 2,970 tm
3	+ 0,983	+ 1,370	− 0,418	+ 1,935	+ 2,244	− 0,309	+ 2,942 tm
4	+ 1,145	− 0,197	+ 0,060	+ 1,008	+ 4,344	− 3,336	+ 3,432 tm

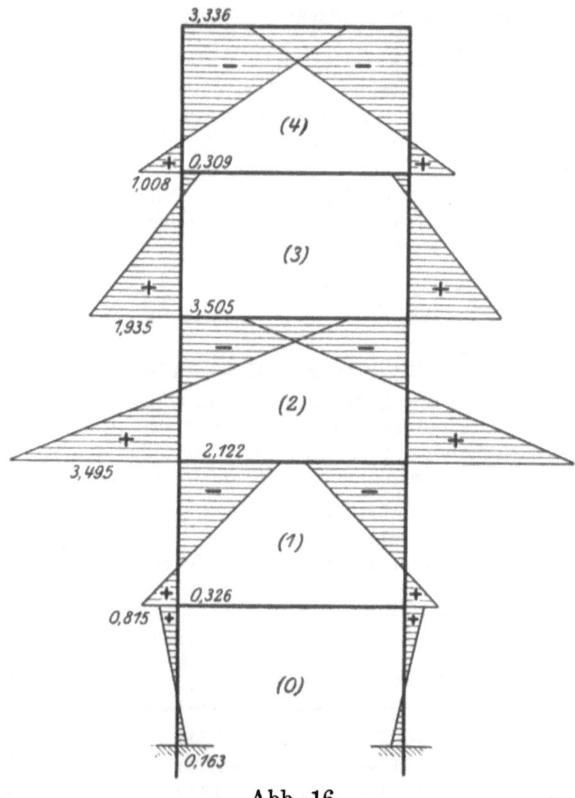

Abb. 16.

Zur Kontrolle der berechneten Werte wurde nachgesehen, ob die aus 1, 2 und 3 resultierenden X_ν der ursprünglichen Differenzengleichung genügen. Z. B. $X_1 + 7\,X_2 + X_3 = 27$; eingesetzt $0{,}815 + 24{,}213 + 1{,}935 = 26{,}963$.

Um den Momentenverlauf für den Ständer zeichnen zu können, wurden auf bekannte Weise die Y_ν und die $\overline{X}_\nu$ gerechnet; der ganze Momentenverlauf für die Ständer ist dann in das Momentenbild der Abb. 16 eingetragen worden.

Zu 4. Der gegebene Stockwerkrahmen sei halbseitig mit $p = 3$ tm in allen Fachen belastet. Die berechneten Werte sind in der folgenden Tabelle zusammengestellt:

ν	S_ν	D_ν	$X_{a\nu}$	$X_{b\nu}$
0	1,146	— 0,178	0,484	0,662 tm
1	3,268	— 0,008	1,630	1,638 tm
2	2,970	0	1,485	1,485 tm
3	2,942	0	1,471	1,471 tm
4	3,432	0	1,716	1,716 tm

Das Beispiel zeigt trotz der unsymmetrischen Belastung den symmetrischen Verlauf der Ständermomente vom zweiten Fache ab.

Zu 8. w sei so gegeben, daß $\frac{w\,h^2}{12} = 1$ wird; dann lautet die Differenzengleichung der S_ν:

$$\begin{aligned} 5\,S_0 + S_1 &= -6 \\ S_0 + 7\,S_1 + S_2 &= -9 \\ \vdots \quad & \quad \vdots \\ S_3 + 7\,S_4 + S_5 &= -9 \end{aligned}$$

$$\bar{a} = \frac{a}{6+\psi} = -1, \quad \varphi = 1{,}925.$$

Für die Differenzengleichung der D_ν ergibt sich

$$a = \frac{w\,h^2}{2}(3 \cdot 28 - 2) = 492, \quad b = \frac{w\,h^2}{2} \cdot 6\,\psi = 108,$$

daher ergibt sich dieselbe mit

$$\begin{aligned} -19\,D_0 + D_1 &= 558 \\ D_0 - 20\,D_1 + D_2 &= 384 \\ D_1 - 20\,D_2 + D_3 &= 276 \\ D_2 - 20\,D_3 + D_4 &= 168 \\ D_3 - 20\,D_4 \qquad &= \;\;60 \end{aligned}$$

$$\bar{a} = -\frac{a}{6\,\psi} = -\frac{492}{18} = -27{,}333, \; \bar{b} = -\frac{b}{6\psi} = -\frac{108}{18} = -6{,}000, \; \varphi = 2{,}993$$

und die D_ν selbst ergeben sich durch Einsetzen aller dieser Werte in die Lösung (63). Die Ergebnisse der weiteren Berechnung des Momentenverlaufes sind in der folgenden Tabelle enthalten.

ν	S_ν	D_ν	$X_{a\nu}$	$X_{b\nu}$	Y_ν	$\mathfrak{M}^0_{a\nu}$	$\bar{X}_{a\nu}$	$\bar{X}_{b\nu}$
0	— 1,000	— 30,500	— 15,750	+ 14,750	27,000	54,000	11,250	— 12,250 tm
1	— 1 000	— 21,500	— 11,250	+ 10,250	21,001	42,000	9,749	— 10,751 tm
2	— 1,003	— 15,341	— 8,172	+ 7,169	14,995	30,000	6,833	— 7,826 tm
3	— 0,979	— 9,339	— 5,159	+ 4,180	9,038	18,000	3,803	— 4,858 tm
4	— 1,146	— 3,455	— 2,300	+ 1,154	2,736	6,000	0,944	— 1,582 tm

Wenn man den Momentenverlauf bei konstanten und veränderlichen Trägheitsmoment für den entsprechenden Belastungsfall miteinander vergleicht, so erkennt man, daß in den unteren Fachen die Unterschiede in den Ständermomenten nur sehr gering sind; in den oberen Fachen werden bei veränderlichem Trägheitsmoment die Ständerkopfmomente größer und die Ständerfußmomente kleiner. Das hat seine Begründung darin, daß der $(\nu - 1)$-te Ständer mit dem ν-ten Riegel steifer verbunden ist als der $(\nu + 1)$-te Ständer, der bereits ein kleineres Trägheitsmoment hat, das heißt das Tragwerk nähert sich dem Grenzfall des Stockwerkrahmens mit Fußgelenken.

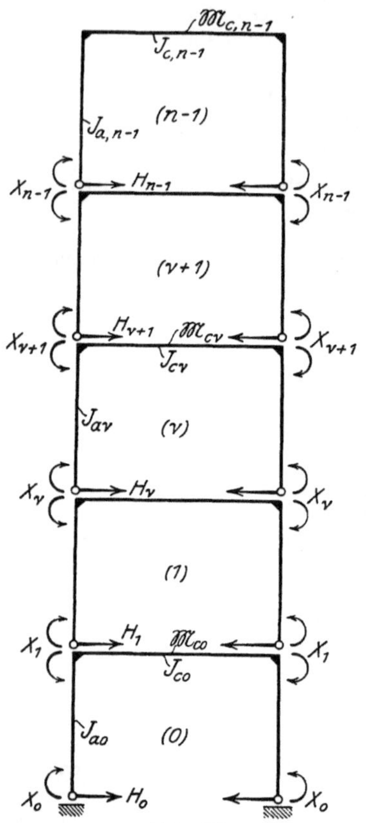

Was den Momentenverlauf in den Ständern als Ganzes anbelangt, kann man die annähernde Gültigkeit des folgenden Gesetzes erkennen: entsteht infolge der äußeren Belastung beim Kragträger eine Momentenlinie, der eine Kurve zweiter Ordnung entspricht, so nehmen die Ständermomente des Stockwerkrahmens nach unten ungefähr linear zu; entspricht die Momentenlinie des Kragträgers einer geneigten Geraden (Einzellast in wagrechter Richtung an der obersten Rahmenecke angreifend), behalten die Ständermomente des Stockwerkrahmens ungefähr ihre Größenlage bei, oder nehmen wenigstens nach unten nicht wesentlich zu; ist der Momentenverlauf des Kragträgers eine Gerade parallel zur Ständerachse, dann verschwinden die Momente des Stockwerkrahmens nach zwei Fachen überhaupt.

Abb. 17.

Man kann sagen, daß der Stockwerkrahmen eine Ordnung in der Momentenlinie der äußeren Belastung zum Verschwinden bringt, sie sozusagen in Längskräfte auflöst; er wird infolgedessen für Tragwerke, die größere Höhen erreichen und die durch wagrechte Kräfte beansprucht sind, ein günstiges und sparsames Konstruieren ermöglichen.

Fünfter Abschnitt.

Berücksichtigung der Längskräfte bei symmetrischer Belastung des Riegels und konstantem Verlauf des Trägheitsmomentes.

Die Elastizitätsgleichungen sollen mit Hilfe des Satzes von Castigliano abgeleitet werden; die Wahl des statisch bestimmten Grundsystems und der Unbekannten wird ebenso wie im I. Abschnitte getroffen, so daß der Stockwerkrahmen in n übereinander gestellte freiaufliegende Träger zerfällt (Abb. 17). Für das nullte Fach ist

$$M_{co} = \mathfrak{M}_{co} - Y_0 + X_0 - X_1$$
$$M_{ao} = M_{bo} = -H_0\, y + X_0$$
$$N_{co} = H_0 - H_1$$
$$N_{ao} = \mathfrak{A}_0 \text{ und } N_{bo} = \mathfrak{B}_0.$$

N ist die Längskraft im statisch unbestimmten System. Ähnlich gilt für das ν-te Fach

$$M_{c\,\nu} = \mathfrak{M}_{c\,\nu} - Y_\nu + X_\nu - X_{\nu+1}$$
$$M_{a\,\nu} = -H_\nu \cdot y + X_\nu$$
$$N_{c\,\nu} = H_\nu - H_{\nu-1}$$
$$N_{a\,\nu} = \mathfrak{A}_\nu \text{ und } N_{b\,\nu} = \mathfrak{B}_\nu.$$

Die Größe der Formänderungsarbeit aus Moment und Längskraft berechnet sich mit

$$A = \frac{1}{2}\int \frac{M^2}{E\,J}\,ds + \frac{1}{2}\int \frac{N^2}{E\,F}\,ds$$

wobei sich das Integral über sämtliche Tragwerksteile erstreckt. Die statisch unbestimmten Größen rechnen sich aus den Minimumsbedingungen für die Formänderungsarbeit. A wird dann zum Minimum, wenn $\frac{\partial A}{\partial H} = 0$ und $\frac{\partial A}{\partial X} = 0$ wird. Jede der beiden Bedingungen liefert ein System von n linearen Gleichungen.

Das erstere lautet

$$+ Y_0\left(\frac{1}{J_{c\,o}} + \frac{2}{3}\frac{h}{J_{a\,o}} + \frac{1}{h_o^2}\frac{1}{F_{c\,o}}\right) - Y_1\frac{1}{h_o^2}\frac{1}{F_{c\,o}} - X_0\left(\frac{1}{J_{c\,o}} + \frac{h}{J_{a\,o}}\right) + X_1 \cdot \frac{1}{J_{c\,o}} = \frac{1}{J_{c\,o}}\frac{\Phi_{c\,o}}{l}$$

$$- Y_0\frac{1}{h_o^2\,F_{co}} + Y_1\left(\frac{1}{J_{c\,1}} + \frac{2}{3}\frac{h}{J_{a\,1}} + \frac{1}{h_o^2\,F_{c\,o}} + \frac{1}{h_1^2\,F_{c\,1}}\right) - Y_2\frac{1}{h_1^2\,F_{c\,1}} - X_1\left(\frac{1}{J_{c\,1}} + \frac{h}{J_{a\,1}}\right) + X_2\frac{1}{J_{c\,1}} = \frac{1}{J_{c\,1}}\cdot\frac{\Phi_{c\,1}}{l}.$$

Führt man die früheren Bezeichnungen ein und setzt $\frac{1}{h_\nu^2\,F_{c\,\nu}} = \mathfrak{f}_{c\,\nu}$, dann kann man die ν-te Gleichung des Systems folgendermaßen anschreiben:

$$- Y_{\nu-1}\,\mathfrak{f}_{c\,\nu-1} + Y_\nu(\beta_\nu + \mathfrak{f}_{c\,\nu-1} + \mathfrak{f}_{c\,\nu}) - Y_{\nu+1}\,\mathfrak{f}_{c\,\nu} - X_\nu\,\alpha_\nu + X_{\nu+1}\,\lambda_\nu = \lambda_\nu \cdot \frac{\Phi_{c\,\nu}}{l}.$$

Das zweite System linearer Gleichungen geht aus der Bedingung $\frac{\partial A}{\partial X} = 0$ hervor; diese entspricht der früheren Kontinuitätsbedingung für die n Schnittstellen des Rahmenständers; da $\frac{\partial N}{\partial X_\nu} = 0$ ist, haben die Längskräfte darauf keinen Einfluß und es gilt unverändert die Gleichung (7a) des I. Abschnittes in entsprechend vereinfachter Form:

$$-Y_{\nu-1}\,\lambda_{\nu-1} + Y_\nu\,a_\nu + X_{\nu-1}\,\lambda_{\nu-1} - X_\nu\,\vartheta_\nu + X_{\nu+1}\,\lambda_\nu =$$
$$= -\lambda_{\nu-1}\frac{\Phi_{c\,\nu-1}}{l} + \frac{\lambda_\nu}{l}\Phi_{c\,\nu}.$$

Berücksichtigt man in beiden Gleichungssystemen das unveränderliche Trägheitsmoment im Ständer und ebenso unveränderliche Querschnittsfläche, dann lauten die beiden ν-ten Gleichungen wie folgt:

$$-Y_{\nu-1}\,m + Y_\nu\left(1 + \frac{2}{3}\psi + 2\,m\right) - Y_{\nu+1}\,m - X_\nu(1+\psi) + X_{\nu+1} = \frac{\Phi_{c\,\nu}}{l},$$

wobei

$$m = \frac{J_c}{h^2\,F_c}$$

$$-Y_{\nu-1} + Y_\nu(1+\psi) + X_{\nu-1} - X_\nu\,2\,(1+\psi) + X_{\nu+1} = 0.$$

Diese beiden Gleichungssysteme entsprechen einer simultanen, inhomogenen Differenzengleichung mit zwei Reihen von Unbekannten Y_ν und X_ν. Für eine partikuläre Lösung macht man den Ansatz $\xi_\nu' = \bar{a}$ und $\eta_\nu' = \bar{b}$ und bekommt durch Koeffizientenvergleichung

$$\bar{a} = \frac{3\,\Phi_c}{l\,(6+\psi)} \quad \text{und} \quad \bar{b} = \frac{6\,\Phi_c}{l\,(6+\psi)}.$$

Bezeichnet man mit ξ_ν und η_ν die Lösungen der zugehörigen Systeme homogener Gleichungen, muß man zur Auflösung dieser simultanen Differenzengleichung den Ansatz machen

$$\xi_\nu = A\,r^\nu$$
$$\eta_\nu = B\,r^\nu$$

und erhält nach Kürzen durch r^ν die zwei Gleichungen zur Bestimmung von r und des Verhältnisses A : B:

$$B\left[-m + \left(1 + \frac{2}{3}\psi + 2\,m\right)r - m\,r^2\right] + A\left[-(1+\psi)\,r + r^2\right] = 0$$

$$B\left[-1 + (1+\psi)\,r\right] + A\left[+1 - 2\,(1+\psi)\,r + r^2\right] = 0.$$

Sollen diese Gleichungen ein von Null verschiedenes Lösungssystem besitzen, so muß ihre „charakteristische Gleichung“ erfüllt sein:

$$\begin{vmatrix} -m + \left(1 + \frac{2}{3}\psi + 2\,m\right)r - m\,r^2, & -(1+\psi)\,r + r^2 \\ -1 + (1+\psi)\,r, & 1 - 2\,(1+\psi)\,r + r^2 \end{vmatrix} = 0$$

Aus dieser Determinante ergibt sich eine biquadratische Gleichung, die nur dann leicht aufgelöst werden kann, wenn sie reziprok ist, indem man für $\left(r + \frac{1}{r}\right) = z$ eine neue Unbekannte einführt; diese Reziprozität ist nur dann vorhanden, wenn auch die Differenzengleichung reziprok ist, wenn also das Tragwerk durchwegs konstante Grundmaße hat. Bezeichnet man die absoluten Werte der 4 Wurzeln mit r_1 bis r_4, dann lauten die allgemeinen Lösungen:

$$X_\nu = \bar{a} + (-1)^\nu A_1 r_1^\nu + (-1)^\nu A_2 r_2^\nu + (-1)^\nu A_3 r_3^\nu + (-1)^\nu A_4 r_4^\nu$$
$$Y_\nu = \bar{b} + (-1)^\nu B_1 r_1^\nu + (-1)^\nu B_2 r_2^\nu + (-1)^\nu B_3 r_3^\nu + (-1)^\nu B_4 r_4^\nu.$$

Zur Bestimmung der Integrationskonstanten dienen die Randwerte beider Reihen von Unbekannten:

$$\text{für } \nu = 0 \text{ ist } X_\nu = X_0 \text{ und } Y_\nu = Y_0,$$

die man vorläufig als bekannt annehmen muß,

$$\text{für } \nu = n \text{ ist } X_n = 0 \text{ und } Y_n = 0;$$

infolgedessen lauten die Konstantenbedingungen:

$$X_0 = \bar{a} + A_1 + A_2 + A_3 + A_4$$
$$0 = \bar{a} + (-1)^n A_1 r_1^n + (-1)^n A_2 r_2^n + (-1)^n A_3 r_3^n + (-1)^n A_4 r_4^n$$
$$Y_0 = \bar{b} + B_1 + B_2 + B_3 + B_4$$
$$0 = \bar{b} + (-1)^n B_1 r_1^n + (-1)^n B_2 r_2^n + (-1)^n B_3 r_3^n + (-1)^n B_4 r_4^n$$

Eine genaue Auflösung dieser 4 Gleichungen wird mit ziemlicher Mühe verbunden sein, man wird sich aber durch Vernachlässigungen, die außerhalb der zulässigen Genauigkeit liegen, viel Arbeit ersparen können. Für alle praktisch vorkommenden Fälle werden zwei Wurzeln, z. B. r_1 und r_3 so klein sein, daß man die Glieder mit r_1^n und r_3^n ohne weiteres streichen kann. Ferner ist

$$B = -\frac{1 - 2(1+\psi)r + r^2}{-1 + (1+\psi)r} \cdot A = \varrho A,$$

damit ergeben sich die Konstantenbedingungen in einer einfacheren Form wie folgt:

$$X_0 = \bar{a} + A_1 + A_2 + A_3 + A_4$$
$$Y_0 = \bar{b} + \varrho_1 A_1 + \varrho_2 A_2 + \varrho_3 A_3 + \varrho_4 A_4$$
$$0 = (-1)^n \bar{a} + A_2 r_2^n + A_4 r_4^n$$
$$0 = (-1)^n \bar{b} + \varrho_2 A_2 r_2^n + \varrho_4 A_4 r_4^n.$$

Aus den beiden letzten Gleichungen lassen sich leicht die Konstanten A_2 und A_4 bestimmen; es ist

$$A_2 = +\frac{(-1)^n \bar{a}(2 - \varrho_4)}{(\varrho_2 - \varrho_4) r_2^n}$$
$$A_4 = -\frac{(-1)^n \bar{a}(2 - \varrho_2)}{(\varrho_2 - \varrho_4) r_4^n}$$

wenn man berücksichtigt, daß $\bar{b} = 2\bar{a}$ war. Hat man einmal zwei Konstante bestimmt, bereitet die Ermittlung der übrigen und damit die Berechnung des ganzen Momentenverlaufes keine Schwierigkeiten mehr.

Beispiel.

Für den früheren Stockwerkrahmen war $\psi = 3$ und m sei mit 0,003 angenommen; dann ist

$$\begin{vmatrix} -0{,}003 + 3{,}006\,r - 0{,}003\,r^2, & -4\,r + r^2 \\ -1 + 4\,r & 1 - 8\,r + r^2 \end{vmatrix} = 0$$

die Determinante ergibt ausgerechnet

$$1 + 323\,r + 2351\,r^2 + 323\,r^3 + r^4 = 0,$$

führt man $\left(r + \frac{1}{r}\right) = z$ als neue Unbekannte ein, erhält man

$$z^2 + 323\,z + 2349 = 0$$

und daraus

$$z_1 = -7{,}444 \quad \text{und} \quad z_2 = -315{,}556.$$

Nun ist

$$r_1 = -0{,}0033,\; r_2 = -315{,}553,\; r_3 = -0{,}137,\; r_4 = -7{,}307.$$

Ferner ist

$$B = -\frac{1 - 8\,r + r^2}{-1 + 4\,r}\,A.$$

Damit bekommt man

$$\begin{array}{llll} B_1 = \varrho_1 A_1 & B_2 = \varrho_2 A_2 & B_3 = \varrho_3 A_3 & B_4 = \varrho_4 A_4 \\ \varrho_1 = 1{,}013 & \varrho_2 = 80{,}825 & \varrho_3 = 1{,}366 & \varrho_4 = 3{,}733 \end{array}$$

$$\bar{a} = \frac{3\,\Phi}{l\,(6 + \psi)} = \frac{3 \cdot 4{,}5}{9} = 1{,}5 \text{ wenn } g = 1{,}5 \text{ ton/m angenommen wird.}$$

A_2 wird ohne weiteres gleich Null zu setzen sein, da $r_2 = 315{,}553$ und r_2^5 sehr groß wird.

$$A_4 = -\frac{1{,}5 \cdot 78{,}825}{77{,}092 \cdot r_4^5}; \quad \log A_4 = 0{,}86704 - 5,$$

daher liegt auch A_4 außerhalb der üblichen Genauigkeit. Die Konstantenbedingungen lauten jetzt folgendermaßen:

$$X_0 = \bar{a} + A_1 + A_3$$
$$Y_0 = \bar{b} + \varrho_1 A_1 + \varrho_3 A_3.$$

Da aber die Randwerte X_0 und Y_0 nicht bekannt sind, müssen die nullten Gleichungen der beiden linearen Systeme herangezogen werden. Dieselben lauten:

$$Y_0\left(1 + \frac{2}{3}\,\psi + m\right) - Y_1 m - X_0 (1 + \psi) + X_1 = \frac{\Phi_{co}}{l}$$

$$(1 + \psi)\,Y_0 - X_0 (1 + 2\,\psi) + X_1 = \frac{\Phi_{co}}{l}.$$

Für X_1 und Y_1 lautet die Lösung der simultanen Differenzengleichung, wenn A_2 und A_4 gleich Null sind:

$$X_1 = \bar{a} - A_1 r_1 - A_3 r_3$$
$$Y_1 = 2\,\bar{a} - \varrho_1 A_1 r_1 - \varrho_3 A_3 r_3.$$

Setzt man in die nullten Gleichungen die Werte für X_0, X_1, Y_0 und Y_1 ein, so erhält man zwei Gleichungen, die als Unbekannte nur A_1 und A_3 enthalten.

Für das gegebene Beispiel lauten diese Gleichungen:

$$3{,}003\,(3{,}000 + 1{,}013\,A_1 + 1{,}366\,A_3) - 0{,}003\,(3{,}000 - 1{,}013 \cdot 0{,}003\,A_1 - 1{,}366 \cdot 0{,}137\,A_3) - 4{,}000\,(1{,}500 + A_1 + A_3) + 1{,}5 - 0{,}003\,A_1 - 0{,}137\,A_3 = 4{,}5$$

$$4\,(3{,}000 + 1{,}013\,A_1 + 1{,}366\,A_3) - 7\,(1{,}5 + A_1 + A_3) + 1{,}5 - 0{,}003\,A_1 - 0{,}137\,A_3 = 4{,}5$$

oder

$$0{,}961\,A_1 + 0{,}035\,A_3 = 0$$
$$1{,}5 + 2{,}951\,A_1 + 1{,}673\,A_3 = 0$$

daraus ist

$$A_1 = 0{,}035 \text{ und } A_3 = -0{,}961.$$

Nun können die Ständerfußmomente unmittelbar bestimmt werden; es ist

$$X_0 = \bar{a} + A_1 + A_3 = 1{,}5 + 0{,}035 - 0{,}961 = +0{,}574 \text{ tm}$$
$$X_1 = \bar{a} - r_1 A_1 - r_3 A_3 = 1{,}5 + 0{,}137 \cdot 0{,}961 = +1{,}632 \text{ tm}$$
$$X_2 = \bar{a} + r_1^2 A_1 + r_3^2 A_3 = 1{,}5 - 0{,}018 = +1{,}484 \text{ tm}$$
$$X_3 = \bar{a} - r_1^3 A_1 - r_3^3 A_3 - r_4^3 A_4 = 1{,}5 - 0{,}029 = +1{,}471 \text{ tm}$$
$$X_4 = \bar{a} + r_1^4 A_1 + r_3^4 A_3 + r_4^4 A_4 = 1{,}5 + 0{,}210 = +1{,}710 \text{ tm}$$
$$Y_0 = 3{,}000 + 0{,}035 - 1{,}313 = +1{,}722 \text{ tm}$$
$$Y_1 = 3{,}000 + 0{,}180 = +3{,}180 \text{ tm}$$

Der Vergleich mit den entsprechenden Werten ohne Berücksichtigung der Formänderungen, die durch die Längskräfte hervorgerufen werden, zeigt, daß man berechtigt ist, die statisch unbestimmten Größen nur aus den Formänderungen der Biegungsmomente zu berechnen.

Anhang.

(Stockwerkrahmen bei Brückenportalen.)

Die bis jetzt betrachteten Stockwerkrahmen waren alle mit den Ständerfüßen unverdrehbar eingespannt. Bei Brückenportalen kann es häufig vorkommen, daß auch das unterste Fach als vierseitiger, geschlossener Rahmen ausgebildet ist und das so entstehende Tragwerk frei aufliegend gelagert gedacht werden kann. Alle abgeleiteten Formeln sind natürlich auch für dieses Tragwerk, das ja statisch mit dem früheren identisch ist, anwendbar; das nullte statisch bestimmte Grundsystem, das früher ein rahmenartig geformter, frei aufliegender Träger war mit der Höhe h_0, schrumpft jetzt zu einem gewöhnlichen Balkenträger zusammen. Dies drückt sich statisch so aus, daß $J_{a0} = 0$, daher $\gamma_0 = \infty$ wird. Ferner ergibt sich

$$\frac{\lambda_0}{\beta_0} = \frac{\lambda_0}{\lambda_0 + \frac{2}{3}\gamma_0} = \frac{\lambda_0}{\infty} = 0, \quad \text{ebenso} \quad \frac{\alpha_0}{\beta_0} = \gamma_0 \frac{\frac{\lambda_0}{\gamma_0} + 1}{\frac{\lambda_0}{\gamma_0} + \frac{2}{3}} = \frac{3}{2} \cdot \gamma_0.$$

Damit lautet das Gleichungssystem (8) für den Stockwerkrahmen:

$$X_1 \left[\lambda_0 + \alpha_1\left(1 - \frac{\alpha_1}{\beta_1}\right) + \gamma_1\right] - X_2 \lambda_1 \left(1 - \frac{\alpha_1}{\beta_1}\right) = \lambda_0 \frac{\Phi_{c0}}{l} - \lambda_1 \left(1 - \frac{\alpha_1}{\beta_1}\right) \frac{\Phi_{c1}}{l}.$$

Die frühere nullte Gleichung dieses Systems ist jetzt bedeutungslos geworden, da X_0 und ebenso Y_0 im Tragwerk nicht mehr vorkommt. Durch Berücksichtigung dieser Spezialisierung bekommt man aus (6a) auch Y_1 mit

$$Y_1 = \frac{1}{\beta_1}\left[\lambda_1 \frac{\Phi_{c1}}{l_1} + X_1 \alpha_1 - X_2 \lambda_1\right].$$

Dieselben Einführungen hat man zu treffen, wenn es sich darum handelt, für einen unsymmetrischen Belastungsfall die Gleichungssysteme der S_ν und der D_ν aufzustellen.

Literatur.

Melan, J., Der Brückenbau. III. Bd. 1. Hälfte. Leipzig 1921.
Funk, P., Die linearen Differenzengleichungen und ihre Anwendung in der Theorie der Baukonstruktionen.
Pöschl, Th., Über eine neue angenäherte Berechnung der Rahmenträger. (Arm. Beton 1914.)
Spiegel, G., Mehrteilige Rahmen.
Melan, E., Berechnung der Stockwerkrahmen mit beliebiger Felderanzahl. (Beton und Eisen 1920.)
Derselbe, Ein Beitrag zur Auflösung linearer Differenzengleichungen mit beliebiger Störungsfunktion. (Eisenbau 1920.)
Vinzens, J., Der Vierendeelträger als Streckträger von Bogen- und Hängebrücken.
Mann, L., Statische Berechnung steifer Vierecksnetze.
Grüning, Anwendung von Differenzengleichungen in der Statik hochgradig statisch unbestimmter Tragwerke. (Eisenbau 1918.)
Lewe, Durchlaufende Träger mit ungleichen Stützweiten, aber gleichem Steifigkeitsverhältnis. (Eisenbau 1917.)
Ostenfeld, Der zweistielige Stockwerkrahmen. (Zeitschr. f. Betonbau 1914.)
Lührs J., Statische Berechnung des Rahmenträgers. (Eisenbau 1915.)
Pirlet, Kompendium der Statik. II. Bd. 3. Teil.
Tschalyscheff, K., Die Berechnung der Rahmenträger. (Bauingenieur 1922.)
Leitner, Ein Beitrag zur Theorie der Stockwerkbinder. (Armierter Beton 1913.)

Die linearen Differenzengleichungen und ihre Anwendung in der Theorie der Baukonstruktionen. Von Privatdozent Dr. **Paul Funk.** Mit 24 Textabbildungen. 1920. GZ. 2,5.

Die Berechnung statisch unbestimmter Tragwerke nach der Methode des Viermomentensatzes. Von Ing. **Fr. Bleich** in Wien. Mit 108 Textfiguren. 1918. GZ. 12.

Theorie und Berechnung der statisch unbestimmten Tragwerke. Elementares Lehrbuch. Von **H. Buchholz.** Mit 303 Textabbildungen. 1921. GZ. 11; gebunden GZ. 12,8.

Theorie des Trägers auf elastischer Unterlage und ihre Anwendung auf den Tiefbau nebst einer Tafel der Kreis- und Hyperbelfunktionen. Von **K. Hayashi,** Professor an der Kaiserlichen Kyushu-Universität Fukuoka-Hakosaki, Japan. Mit 150 Textfiguren. 1921. GZ. 7,5; gebunden GZ. 9,4.

Bau und Berechnung gewölbter Brücken und ihrer Lehrgerüste Drei Beispiele von der Badischen Murgtalbahn. Von Gr. Bauinspektor Dr.-Ing. **Ernst Gaber.** Mit 56 Textabbildungen. 1914. GZ. 6; gebunden GZ. 8.

Berechnung von Rahmenkonstruktionen und statisch unbestimmten Systemen des Eisen- und Eisenbetonbaues. Von Ing. **P. E. Glaser.** Mit 112 Textabbildungen. 1919. GZ. 3,6.

Mehrteilige Rahmen. Verfahren zur einfachen Berechnung von mehrstieligen, mehrstöckigen und mehrteiligen geschlossenen Rahmen (Rahmenbalkenträgern). Von Ingenieur **Gustav Spiegel.** Mit 107 Textabbildungen. 1920. GZ. 5.

Die Methode der Festpunkte zur Berechnung der statisch unbestimmten Konstruktionen mit zahlreichen Beispielen aus der Praxis, insbesondere ausgeführten Eisenbetontragwerken. Von Dr.-Ing. **Ernst Suter.** Mit 591 Figuren im Text und auf 15 Tafeln. 1923. GZ. 19; gebunden GZ. 21.

Die Knickfestigkeit. Von Privatdozent Dr.-Ing. **Rudolf Mayer** in Karlsruhe. Mit 280 Textabbildungen und 87 Tabellen. 1921. GZ. 16.

Kostenberechnung im Ingenieurbau. Von Dr.-Ing. **Hugo Ritter.** 1922. GZ. 3,4; gebunden GZ. 5,3.

Der Bauingenieur. Zeitschrift für das gesamte Bauwesen. Organ des Deutschen Eisenbau-Verbandes und des Deutschen Beton-Vereins. Organ der Deutschen Gesellschaft für Bauingenieurwesen mit Beiblatt: Die Baunormung, Mitteilungen des NDI. Herausgegeben von Professor Dr.-Ing. e. h. **M. Foerster** in Dresden, Professor Dr.-Ing. **W. Gehler** in Dresden, Professor Dr.-Ing. **E. Probst** in Karlsruhe, Dr.-Ing. **H. Fischmann** in Berlin und Dr.-Ing. **W. Petry** in Oberkassel. Erscheint monatlich zweimal. Preis ab 1. März 1923 für März 1923 und alle früheren Monate je M. 800.—, zuzüglich Versand- bzw. Postbezugsgebühren.

Die Grundzahlen (GZ.) entsprechen den ungefähren Vorkriegspreisen und ergeben mit dem jeweiligen Entwertungsfaktor (Umrechnungsschlüssel) vervielfacht den Verkaufspreis. Über den zur Zeit geltenden Umrechnungsschlüssel geben alle Buchhandlungen sowie der Verlag bereitwilligst Auskunft.

Kompendium der Statik der Baukonstruktionen. Von Privatdozent Dr.-Ing. **J. Pirlet**, Aachen. In zwei Bänden.

I. Band. **Die statisch bestimmten Systeme.** Vollwandige Systeme und Fachwerke. In Vorbereitung.

II. Band. **Die statisch unbestimmten Systeme.**

1. Teil: Die allgemeinen Grundlagen zur Berechnung statisch unbestimmter Systeme. Die Untersuchung elastischer Formänderungen. Die Elastizitätsgleichungen und deren Auflösung. Mit 136 Textfiguren. 1921. GZ. 6,5; gebunden GZ. 8,5.
2. Teil: Berechnung der einfacheren statisch unbestimmten Systeme: Grade Balken mit Endeinspannungen und mehr als zwei Stützen. — Einfache Rahmengebilde. — Zweigelenkbogen. — Gewölbe. — Armierte Balken. Mit 298 Textfiguren. 1923. GZ. 7,5; gebunden GZ. 9.
3. Teil: Die hochgradig statisch unbestimmten Systeme. Durchlaufende Träger auf starren und elastischen Stützen. Fachwerke mit starren Knotenpunktsverbindungen. — Stockwerkrahmen. — Vierendeelträger und verwandte Rahmengebilde. In Vorbereitung.
4. Teil: Das statisch unbestimmte Fachwerk. Aufgaben des Brücken- und Eisenhochbaues. In Vorbereitung.

Statik der Vierendeelträger. Von Dr.-Ing. **Karl Kriso**, vorm. Assistent für Mechanik an der Technischen Hochschule in Graz, Ingenieur der holländischen Regierung. Mit 185 Textfiguren und 11 Tabellen. 1922. GZ. 10; gebunden GZ. 13.

Statik. Von Dr.-Ing. **Walther Kaufmann**, o. Professor an der Technischen Hochschule zu Hannover. Mit 385 Textabbildungen. (Aus Otzen „Handbibliothek für Bauingenieure", Teil IV, 1. Bd.) 1923. Gebunden GZ. 8,4.

Repetitorium für den Hochbau. Für den Gebrauch an Technischen Hochschulen und in der Praxis. Von Geh. Hofrat Professor Dr.-Ing. E. h. **Max Foerster** in Dresden.

1. Heft. **Graphostatik und Festigkeitslehre.** Mit 146 Textfiguren. 1919. GZ. 3.
2. Heft. **Abriß der Statik der Hochbaukonstruktionen.** Mit 157 Textfiguren. 1920. GZ. 3.
3. Heft. **Grundzüge der Eisenkonstruktionen des Hochbaues.** Mit 283 Textfiguren. 1920. GZ. 3,5.

Taschenbuch für Bauingenieure. Unter Mitwirkung zahlreicher Fachgelehrten herausgegeben von Geh. Hofrat Prof. Dr.-Ing. E. h. **M. Foerster** in Dresden. Vierte, verbesserte und erweiterte Auflage. Mit 3193 Textfiguren. In zwei Teilen. 1921. Gebunden GZ. 24.

Betriebskosten und Organisation im Baumaschinenwesen. Ein Beitrag zur Erleichterung der Kostenanschläge für Bauingenieure mit zahlreichen Tabellen der Hauptabmessungen der gangbarsten Großgeräte. Von Dipl.-Ing. Dr. **Georg Garbotz**, Privatdozent in Darmstadt. Mit 23 Textabbildungen. 1922. GZ. 3,6.

Kalkulation und Zwischenkalkulation im Großbaubetriebe. Gedanken über die Erfassung des Wertes kalkulativer Arbeit und deren Zusammenhänge. Von **Rudolf Kundigraber**. Mit 4 Abbildungen. 1920. GZ. 2,4

Die Grundzahlen (GZ.) entsprechen den ungefähren Vorkriegspreisen und ergeben mit dem jeweiligen Entwertungsfaktor (Umrechnungsschlüssel) vervielfacht den Verkaufspreis. Über den zur Zeit geltenden Umrechnungsschlüssel geben alle Buchhandlungen sowie der Verlag bereitwilligst Auskunft.